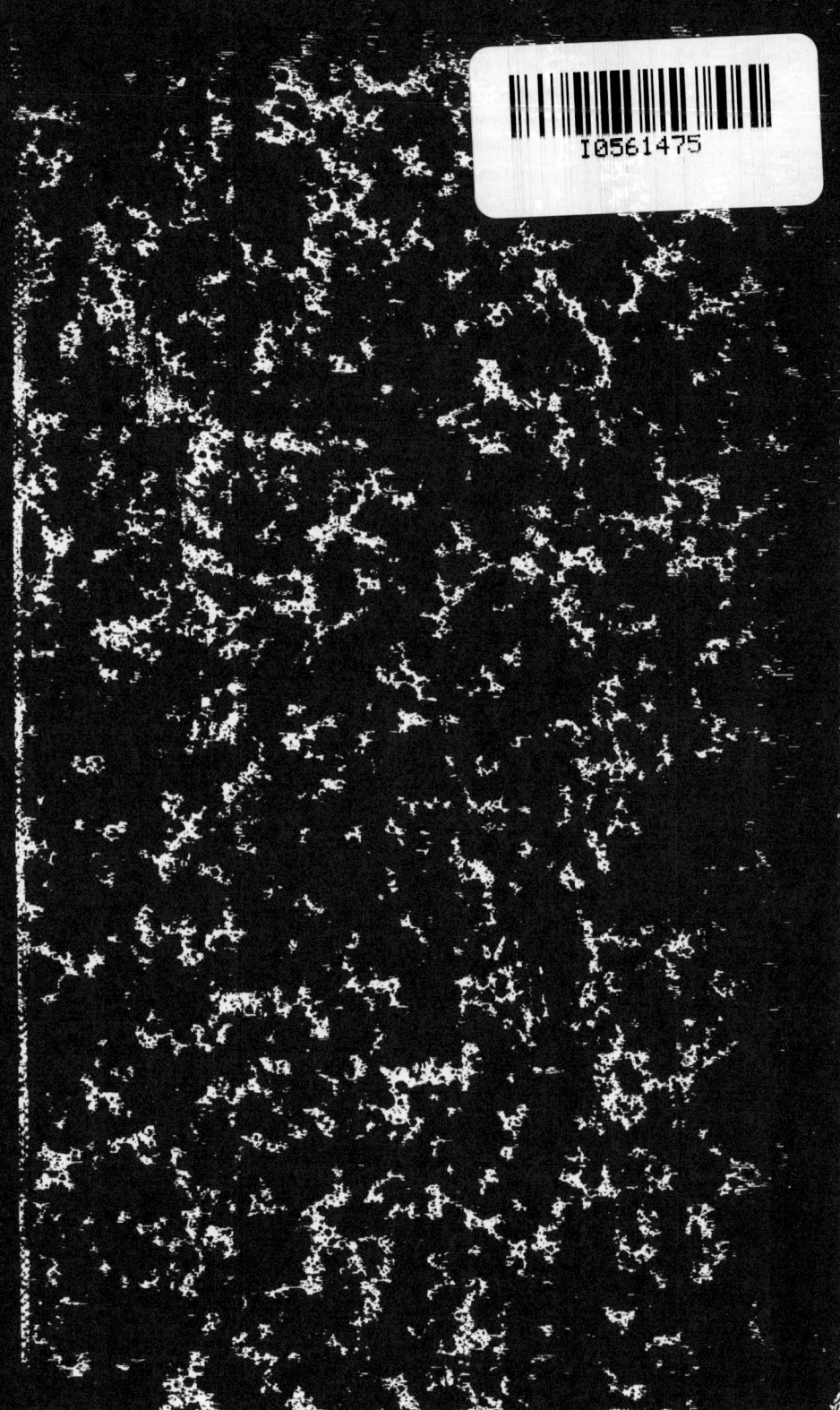

# MÉMOIRE

## SUR LA STRUCTURE ET LA FONCTION

# DU PLACENTA

ALGER. — IMPRIMÉ PAR JUILLET St LAGER (1869.)

# MEMOIRE

SUR LES

GLANDES UTRICULAIRES DE L'UTÉRUS

ET SUR

# L'ORGANE GLANDULAIRE DE NÉOFORMATION

QUI SE DÉVELOPPE PENDANT LA GROSSESSE

dans l'utérus des femelles des mammifères et de l'espèce humaine,

PAR LE PROFESSEUR

**G. B. ERCOLANI de Bologne.**



---

OUVRAGE COURONNÉ PAR L'ACADÉMIE DES SCIENCES DE PARIS

suivi

**D'UN APPENDICE INÉDIT DE L'AUTEUR**

avec

**ATLAS DE X PLANCHES**

Gravées par BETTINI

---

TRADUIT DE L'ITALIEN

Par le professeur E. BRUCH et le docteur R. ANDREINI

---

ALGER

IMPRIMERIE ET LIBRAIRIE JUILLET S^t LAGER, ÉDITEUR.

1869

# PRÉFACE DES TRADUCTEURS

« La science n'est que la
» pure et simple vérité. »
L'AUTEUR.

La publication en français du **MÉMOIRE SUR LA STRUCTURE ET LA FONCTION DU PLACENTA**, par le professeur Ercolani de Bologne, n'est, de notre part, qu'un hommage consciencieux offert à l'auteur et à tous ceux qui aiment le progrès de la science et qui ne sont pas familiarisés avec la langue italienne.

Selon nous, en effet, ce travail mérite de fixer l'attention non-seulement du monde médical, mais aussi de tout le monde savant, tant pour les observations nouvelles qu'il présente, que pour les conséquences qu'on peut en déduire.

« Mon but, dit l'auteur, est d'établir un seul fait ; ce
» fait est que la portion maternelle du placenta des ver-
» tébrés mammifères et de l'espèce humaine a toujours
» une structure glandulaire. »

« Cette structure, ajoute-t-il plus loin, constitue un
» organe glandulaire de nouvelle formation destiné à
» sécréter une humeur qui sert à la nutrition du fœtus.
» Le placenta est formé de deux parties distinctes : la
» portion fœtale, vasculaire et absorbante ; et la portion
» maternelle, glandulaire et sécrétante. En aucun cas les
» vaisseaux de la mère ne s'anastomosent avec les vais-
» seaux du fœtus. »

****

Ce fait fondamental et les corollaires qui l'accompagnent renversent ou modifient profondément les doctrines actuellement enseignées sur l'anatomie et la physiologie de cet organe.

La simple traduction des nouvelles doctrines se présentait par conséquent sous un aspect délicat. Mais, l'impartialité évidente de l'auteur dans ses nombreuses recherches et observations, l'abondance des faits produits, la modestie, pour ainsi dire, scrupuleuse de ses opinions et les belles planches qui les appuient, nous offraient des garanties suffisantes.

Nous en avions par conséquent entrepris la traduction avec confiance, lorsque nous apprîmes que M. Charles Robin en avait publié un résumé dans son *Journal de l'Anatomie et de la Physiologie*, (n° 5. 1868). Nous apprenons maintenant, que le Mémoire de l'honorable membre de l'Institut de Bologne a été couronné par l'Institut de France. (*Juin* 1869).

C'est plus qu'il en faut pour affermir notre confiance et nous encourager dans notre publication.

****

Il est pourtant rare qu'une doctrine nouvelle s'affirme sans trouver des contradicteurs, et les contradictions n'ont pas fait faute à celle du professeur italien.

« Cette opposition, nous écrivait-il, m'a été avanta-
« geuse. J'étais si sûr de mon fait, que je me serais peut-
« être endormi là-dessus sans prendre la peine d'obser-

« ver et de suivre les différentes périodes de la néoformation de l'organe glandulaire chez les animaux et chez « la femme. J'ai donné une idée de ces nouveaux faits « dans la conférence publique où j'ai répondu aux pro- « fesseurs Albini, Palladino et Ohel. Vous trouverez ces « nouvelles observations dans l'appendice que je vous « enverrai. »

On y trouve aussi, sous la forme la plus franche et la plus consciencieuse, l'aveu de quelques erreurs d'interprétation des premiers faits observés : « C'est ainsi, dit « l'auteur, qu'on s'éclaire soi-même, qu'on éclaire les « autres et la science, qui est la vérité pure et simple. »

C'est ainsi, dirons-nous, que l'observateur donne une autorité incontestable à ses paroles.

Les quelques doutes émis, par Ohel et Palladino, sur le simple développement de l'organe glandulaire, nous ont donc valu l'appendice qui traite spécialement de son histologie et de son mode de formation. Nous sommes heureux de pouvoir offrir à nos confrères ce travail important et inédit.

****

Le professeur Ercolani dit en outre dans son Mémoire :

« D'après le peu que j'ai indiqué, la structure du pla-
» centa des brutes est différente de celle du placenta de
» l'homme. La démonstration de cette vérité sera, selon
» moi, la conclusion la plus grave et la plus importante
» de ce travail. Je serais heureux de pouvoir combler, en
» partie au moins, cette lacune par l'étude du placenta
» des singes comparé à celui de l'espèce humaine,
» mais la pauvreté de notre Institut nous enlève tout
» espoir ! »

Aux anthropologistes et aux hommes de science il avait posé cette question : « Dès les premiers instants de notre
» existence, appartenons-nous, par la structure placen-
» taire, à la famille simienne, ou bien est-elle éloignée
» de nous par un placenta conforme à celui qui nous
» sépare des autres mammifères ?.. »

Cependant il a été plus heureux qu'il ne l'espérait. Deux collègues, dévoués au progrès de la science, lui ont fourni les moyens d'étudier un placenta de singe ; il l'a trouvé distinct de celui des brutes, et conforme par sa structure à celui de l'homme.

C'est lui-même qui répond aujourd'hui : « Le type, et
» bien plus que le type, la structure anatomique du pla-
» centa des singes est identique à la structure du placenta
» de l'homme. »

« Ce n'est pas ma faute... Je ne renie pas les faits.
« (*Conférence*. pag. 25).

****

Affirmerons-nous, après cela, que l'homme est une transformation, une filiation ou une dérivation du singe ? — Nous n'avons aucunement l'intention de déduire de ce fait anatomique une conséquence absolue ; et nous sommes persuadés que celui qui l'a énoncé partage notre maniére de voir et de penser.

Néanmoins il a le droit de dire : Voici une nouvelle observation anatomique différentielle que j'ai découverte, en étudiant la structure placentaire des mammifères. Jusqu'à présent les anthropologistes s'étaient occupés du cerveau, mais l'existence commence plus bas. L'embryon se met en rapport avec l'être adulte par un organe de nouvelle formation : cet organe a la même structure chez l'homme et chez le singe ; il a une structure différente chez tous les autres animaux.

Tous ceux qui ont pris part, pour ou contre, dans le débat qui divise les anthropologistes, tous l'ignoraient. En l'état actuel de la question scientifique sur l'origine de l'homme, qui remue si profondément et si contradictoirement le monde savant, ce fait n'est pas sans valeur; il est primordial, et il ouvre une voie nouvelle aux investigations de l'avenir. Qui peut affirmer qu'il n'est pas le premier pas sur la chemin qui aboutira à la vérité?

****

Pour cela seul, le Mémoire du professeur de Bologne mérite de fixer l'attention des savants. Mais son importance est plus grande encore, en ce qui nous touche de plus près.

Premièrement, il démontre un fait anatomique nouveau. — En élucidant la nature et les métamorphoses des glandes utriculaires de l'utérus, en résolvant affirmativement la question sur la présence de la muqueuse utérine chez la femme, en étudiant attentivement la caduque sérotine, il arrive à établir d'une manière comparative et générale la néoformation d'un organe glandulaire qui, pendant la gestation, se constitue dans la matrice de toutes les femelles des mammifères et de l'espèce humaine. Il établit en outre que le placenta se compose des deux parties distinctes : la portion glandulaire ou maternelle, et la vasculaire ou fœtale. Enfin, il en décrit la genèse et les phases de développement.

****

Secondement, il annonce une nouvelle fonction physiologique. — Le nouvel organe glandulaire est un organe secréteur, il est destiné à élaborer une humeur qui doit servir à la nutrition du fœtus. La partie vasculaire ou fœtale du placenta est chargée d'absorber cette humeur. — La fonction du placenta est donc de secréter le suc ou le lait utérin.

« De même, dit Ercolani, que dans la première pério-
» de la vie extrautérine, l'enfant se nourrit du lait mater-
» nel absorbé par les villosités des intestins ; de même,
» pendant la vie intrautérine, le fœtus trouve sa nourri-
» ture dans l'humeur ou lait utérin, secrété par l'organe
» glandulaire et absorbé par les villosités du chorion. »

Et, dans une lettre qu'il nous adressait récemment il ajoute : « Dans les œufs des oiseaux, des reptiles etc.
» le jaune ou la substance vitelline est l'humeur qui
» nourrit les fœtus. Le vitellus remplace donc le lait
» utérin des mammifères, et contient toute la matière
» nécessaire au développement de la vie embryonnaire :

» il est élaboré d'avance par la mère. Chez les mammi-
» fères, c'est aussi la mère qui élabore les sucs nutritifs
» du fœtus, mais elle les élabore, peu à peu, pendant la
» gestation. Voilà la différence entre les mammifères et
» les ovipares. »

Cette observation renverse une doctrine physiologique enseignée, depuis les temps les plus reculés jusqu'à nous: « C'est par le sang que le fœtus tient à la mère, » disent les livres sacrés de l'Inde. Eh bien, non. Ercolani a observé que l'anostomose des vaisseaux maternels avec ceux du fœtus ; que les phénomènes osmotiques; que la circulation directe entre la mère et l'embryon, et la nutrition par le sang — ne sont que des erreurs ou des illusions.

La nutrition se fait au moyen d'une secrétion et d'une absorbtion. — La circulation est lacunaire, chez la femme et chez le singe.

****

Troisièmement, il ouvre un champ presqu'inexploré à la pathologie de la gestation. C'est là le côté pratique et médical par excellence.

L'auteur l'indique dans son Mémoire et dans l'appendice. Mais, pas plus pour lui que pour nous, le moment n'est venu de traiter ce sujet avec détail. Les pathologistes, profiteront, sans doute, de la découverte physiologique sur la nutrition du fœtus; ils trouveront en elle et dans le développement anormal du placenta de nouvelles causes des maladies embryonnaires et des avortements.

****

Il résulte, à notre avis, de l'analyse rapide que nous avons faite de ce travail, qu'il intéresse l'anatomie et la physiologie, la chimie et la pathologie, l'embryologie et l'anthropologie, la biologie et l'obstétrique. Il détruit des erreurs anciennes et classiques ; il démontre des vérités nouvelles ; il jette un rayon de lumière au milieu des ténèbres de la reproduction ; il prend enfin une place scientifique et certaine dans le champ de la discussion sur la théorie darwinienne, c'est-à-dire sur le *Strugle for life,* ou loi de la *sélection naturelle.*

Qui oserait affirmer que les observations d'Ercolani n'ont pas été faites à propos pour nous conduire à la solution d'aussi graves problèmes ?

— Pas nous certainement.

Nous pensons, au contraire, que le travail du professeur de Bologne est de ceux qui ne périssent pas ; et nous espérons qu'il ouvrira une voie nouvelle à d'importantes découvertes scientifiques concernant les phénomènes mystérieux de la génération.

« L'observation d'un fait, dit-il, reste entière dans sa vérité, et, tôt ou tard, elle devient utile à la science. »

Alger, juin 1869.

# INTRODUCTION

*Messieurs,*

Les observations que j'ai l'honneur de vous présenter sur la formation et sur la structure du placenta dans l'espèce humaine et chez les mammifères, m'ont amené à des conclusions si différentes de celles qui sont aujourd'hui généralement admises par les anatomistes et les physiologistes, que j'éprouve le besoin d'invoquer, tout d'abord, votre bienveillante attention. En outre, je dois m'assurer toute votre indulgence, parce que je me verrai forcé de vous décrire, bien minutieusement, un grand nombre de recherches qui concourent, dans leur ensemble, à éclaircir l'idée générale de mon travail. Pour cela donc, autant que pour procéder de la manière la plus convenable, il me semble utile de vous exposer en commençant mon idée générale, dans quelques figures schématiques, pour vous parler ensuite des recherches et des observations dont elle est le résultat, et que je résume ainsi : — Il se produit dans l'utérus gravide des mammifères et de l'espèce humaine un organe glandulaire de nouvelle formation. Cet organe constitue l'une des deux parties fondamentales du placenta, c'est à-dire la portion maternelle avec laquelle le fœtus se met en rapport intime par les villosités du chorion, qui en compose l'autre portion ou la partie fœtale.

Les villosités de cette dernière partie du placenta pénètrent toujours et d'une manière évidente dans l'organe glandulaire ou partie maternelle, pour absorber l'humeur qui s'y trouve secrétée, et pour fournir ainsi au fœtus les matériaux nécessaires à sa nutrition.

La forme typique du nouvel organe glandulaire sécréteur ne s'éloigne pas de la forme commune d'un follicule glandulaire simple de l'organisme animal. De même, la forme typique du placenta fœtal ou portion absorbante, est celle d'une anse vasculaire, plus ou moins allongée, ou d'une villosité. Cela s'observe, à quelques rares exceptions près, dans les trois espèces fondamentales de placenta admises par les anatomistes sous les dénominations de placenta disséminé, ou diffus ou villeux, placenta multiple et placenta unique.

Dans les figures schématiques je vous présente des sections verticales de l'utérus et du placenta des animaux et de l'espèce humaine, pour vous faire voir clairement les rapports qu'ont toujours entre elles les deux parties du placenta.

La figure 1 de la P. I. est prise chez la jument, comme exemple du placenta villeux. En haut se trouve le chorion (*a*), d'où partent les pinceaux ou touffes vasculaires (1) et

(1) Le mot dont l'auteur se sert est FIOCCHI, en français GLANDS, qui n'est point anatomique. Dans la 12e édition du Dictionnaire de Nysten on trouve les mots FLOCONS ou TOUFFES. Pour exprimer plus exactement la forme anatomique

les villosités (*b. c. c*) de la portion fœtale, qui pénètrent dans autant de follicules glandulaires simples (*d*) de la portion maternelle, lesquelles se développent seulement pendant la grosesse sur toute la surface de l'utérus. Les parois de ce viscère sont indiquées en bas par la large ligne (*e*, *e*). C'est le type le plus simple qu'on puisse avoir de la double structure placentaire.

Dans la fig. 2 de la P. I. j'ai également indiqué, par les mêmes signes, les parties identiques du placenta multiple, en prenant pour type celui de la vache, c'est-à-dire la forme la plus simple de cette espèce de placenta commune aux ruminants. Malgré les modifications dont se complique, dans ce cas, l'organe glandulaire, il ne perd pas sa forme élémentaire de follicule simple : il n'y a de changé que le rapport de proximité et la position des follicules.

Dans le placenta disséminé ou diffus nous avons vu les follicules placés verticalement sur toute la surface interne de l'utérus : ici au contraire, ils sont parallèles à la même surface et surperposés les uns aux autres, dans les endroits où se développent les divers placentas (*d*,*d*). Les rapports des villosités avec les follicules sont les mêmes que dans le cas précédent.

Pour le placenta unique il ne faut pas confondre, en un seul type, celui de quelques animaux et celui de l'espèce humaine.

Chez la chienne et chez la chatte (P. I. fig. 3), la forme typique du follicule glandulaire ne se perd pas; mais, au lieu de se répéter dans sa forme simple telle qu'on l'a vue chez

de ces vaisseaux, indiquée par l'auteur dans la susdite figure, nous avons préféré les mots PINCEAUX OU TOUFFES que nous emploierons indistinctement.

Note des traducteurs.

la vache, il s'allonge extraordinairement comme en glandes tubulées, qui s'adossent étroitement, par leurs parois, aux villosités du placenta fœtal. L'ouverture des follicules à la surface du placenta se trouve à l'endroit où pénètrent les villosités du chorion (*g*). Leur fond, en cul-de-sac, est visible dans l'intérieur du placenta vers sa face utérine (*g. g*). Néanmoins, il est impossible de suivre ou d'isoler entièrement un follicule depuis son orifice jusqu'à sa terminaison, à cause de la structure compliquée et sinueuse des anses entériformes, de leur rapprochement très-intime et de leur nombreuses communications dans l'épaisseur du placenta.

C'est dans l'espèce humaine que la structure de l'organe glandulaire, ou placenta maternel, s'éloigne de la manière la plus remarquable de la forme typique du simple follicule. En parlant de cet organe, j'indiquerai les grandes différences qui le distinguent de celui des brutes. Quant à présent, je me bornerai à dire que : dans la portion du placenta maternel humain les parties fondamentales de l'organe, c'est-à-dire les parois et les cellules, en un mot, l'organe sécréteur et la sécrétion elle même persistent, mais tout ce qui se rapporte à la forme d'un follicule glandulaire se perd complètement.

La fig. 4 réprésente le schéma du placenta humain. Au contraire de ce qu'on observe chez les animaux, la surface de l'utérus, qui se trouve en contact avec le placenta, est recouverte d'une membrane particulière de nouvelle formation, connue des anatomistes sous le nom de caduque sérotine (*f*). Cette membrane, produit de la prolifération des cellules du tissu connectif superficiel ou sousmuqueux de l'utérus, est le stroma où prend son origine l'organe glandulaire qui entoure et enveloppe les villosités du placenta fœtal, dans toutes leurs nombreuses subdivisions (*d*, *d*). L'organe glandulaire accompagne les villosités jusqu'au chorion : arrivé à ce point, il perd sa structure glandulaire et devient tout-à-fait fibreux pour fixer solidement au chorion même les vaisseaux dont est formé le cordon ombilical ( *g* ).

Par l'exposition générale de la structure du placenta chez les mammifères et dans l'espèce humaine, j'ai tracé l'ordre que je suivrai dans mon travail. Mais vous savez qu'il a été enseigné et admis par plusieurs auteurs que les glandes utérines des animaux, au moins, si non celles de la femme, jouent un rôle bien important dans la formation du placenta. Je devrai donc vous parler, d'abord, de ces glandes, pour vous indiquer ensuite la structure du placenta, selon qu'il est disseminé ou villeux, comme chez les solipèdes; ou multiple, comme chez les ruminants ; ou unique, comme chez les carnivores et les rongeurs, — pour terminer par le placenta humain.

Je ferai en outre précéder chacune de ces parties de quelques recherches historiques, dans le but spécial d'éclaircir les nouvelles observations qui me paraissent d'une importance majeure.

II

# DES GLANDES UTRICULAIRES

## DE L'UTÉRUS

---

Malpighi a été le premier à faire connaître l'existence des glandes utérines. Nous apprenons de lui-même (1) que, revenu de Messine à Bologne, il reprit ses études anatomiques bien-aimées, et commença alors ses recherches sur la structure de l'utérus. En exposant ces recherches à Sponius dans une lettre datée de Bologne en 1681 (2), il écrivait :

« Uterus interius membranâ quâdam ambitur, quæ minima et innumera habet orificia, glutinosum, mucosumque fundentia humorem, quo uterus ipse et vagina perpetuò madent. Quare compresso utero prosilit hujusmodi mucosus ichor. Patent autem hæc excretoriorum vasorum ora si diù interior membrana aquâ maceretur, et in ovibus præcipue obvia sunt ; quare probabile est, subvitellina exarata corpora his orificiis in uteri cavitatem hiare ; an vero his minima appendantur glandulcæ, licet sensus non attingat, ratio tamen ex perpetuâ operandi normâ probabiliter eas suadet. »

(1) Opera Posthuma. Venetiis 1698. p. 46.

(2) Opera omnia. Londini 1686.

D'après cela, il est certain que l'illustre anatomiste étudia le fait sur différentes espèces d'animaux, puisqu'il déclare que, dans les brebis, on voit, mieux qu'ailleurs, les ouvertures de la muqueuse utérine. Il n'est pas non plus inutile de rappeler ses paroles sur l'orifice des glandes utérines dans la muqueuse de l'utérus de la vache :

« In prægnantibus vero et præcipue in vaccis, uteri styg-mata obvia fiebant. » (1)

Par ces quelques mots on assure à Malpighi le mérite d'une autre observation assez importante, savoir : que les glandes utérines augmentent de volume dans la grossesse.

Il est vrai que Malpighi ne reconnut que par leurs ouvertures dans la cavité utérine, l'existence des glandes, que les sens ne pouvaient pas lui démontrer. Mais, personne n'osera le lui reprocher, en réfléchissant aux moyens restreints d'investigation dont il pouvait disposer, et en se rappelant que l'observation ne fut répétée que 170 ans plus tard. De plus, les savants anatomistes qui la répétèrent les premiers, tels que les frères Weber, ont considéré d'abord les glandes utérines comme des villosités de la caduque (2). Quelques années après, seulement, ils corrigèrent leur erreur en les reconnaissant pour ce qu'elles sont, et en les dénommant glandes utriculaires de l'utérus.

Parmi les modernes, Baër (3) aussi, lorsqu'il observa ces mêmes glandes dans la matrice des truies et des vaches, les

(1) Opera Posthuma. l. cit.

(2) Disquisiti anatomica uteri et ovariorum pullæ septimo a conceptione die defunctæ. Halis 1830.

(3) Untersuchungen über die Gefassverbindung zwischen Mutter und Frucht in den Saugethiere. Leipzig 1828.

prit pour des vaisseaux lymphatiques ; et ce ne fut que 9 ans plus tard, après les observations et les rectifications des frères Weber, qu'il reconnut la structure glandulaire des canalicules qu'il avait d'abord considérés comme des vaisseaux (1).

Ainsi que Malpighi, Baër avait observé les orifices dans la muqueuse utérine ; mais il n'avait pas pu en suivre les canaux jusqu'à leur extrémité, car dans les truies ils sont très-longs. Il est donc évident que les frères Weber et Baër, même, en se servant des puissants moyens d'observation que les sciences modernes nous ont donnés, jugèrent par induction dans leurs premières recherches, ainsi que Malpighi l'avait fait. Or, si l'on tient compte de la pauvreté désolante des moyens dont celui-ci disposait, on ne pourra qu'admirer le grand anatomiste de Bologne.

En suivant le développement que l'obervation de Malpighi reçut dans les temps postérieurs, nous voyons que E. Weber, dans la publication de la 4e édition de *l'Anatomie humaine d'Hildebrand* (2), réclama pour lui l'honneur d'avoir le premier reconnu l'existence des glandes utérines, et de les avoir nommées glandes utriculaires, en les décrivant de plus dans l'utérus de la vache et d'une chevrette.

Je ne crois pas qu'on ait le droit de nier à Weber le mérite d'avoir établi d'une manière incontestable l'existence des glandes utérines, mais si cela est juste à son égard, l'équité veut aussi qu'en cette occasion, on reconnaisse à Malpighi le mérite qui lui appartient.

En 1834, Burkhardt (3) connaissait les travaux de Malpi-

(1) Uber Entwickelungsgeschichte der Thiere. Konigsberg. 1837.

(2) Braunschweig, 1832.

(3) Observationes anatomicæ de uteri vaccini fabrica. Basileæ. 1834.

ghi, mais il ignorait les premières observations de Weber et de Baër. Aussi, malgré les enseignements de l'anatomiste de Bologne, il ne reconnut pas la structure tubulaire des glandes, et il décrivit les glandes utérines de la vache sous la dénomination de vaisseaux spiraux. Il répéta ses recherches sur l'utérus gravide et non gravide, et il confirma ce qui avait déja été dit par Malpighi : qu'elles augmentent de volume dans la grossesse; mais, ne pouvant se faire une opinion précise sur leur usage, il se contenta de supposer qu'elles étaient peut-être de quelque utilité pour le fœtus.

Les observations postérieures d'Eschricht (1) confirmèrent en grande partie celles de Weber : il en ajoutait quelques-unes sur les glandes utérines des dauphines, et il notait des particularités sur celles des chattes. Cependant ces dernières ne sont pas exactes, et leur inexactitude provient de ce qu'Eschricht n'a pas pu en découvrir l'orifice. Il constate d'ailleurs l'augmentation de volume qu'elles ont aussi chez cet animal en gestation.

Jusque-là, les observations sur l'existence des glandes utriculaires utérines n'eurent d'autre intérêt que celui de la connaissance d'un fait anatomique qui, bien qu'indiqué anciennement, n'avait pas été démontré avec la certitude nécessaire en pareille matière; et, cette démonstration exceptée, on n'avait réellement rien ajouté à ce qu'avait dit Malpighi, tant sur leur existence que sur leur augmentation de volume pendant la grossesse.

Cette nouvelle notion anatomique ne devint le point de départ d'un véritable progrès scientifique que quand Sharpey (2)

(1) De organis quæ respirationi et nutritioni fœtus inserviunt. Hafniæ, 1837.

(2) Les observations de Sharpey se trouvent dans une note de la traduction anglaise de la Physiologie de Mueller.

publia ses recherches sur les glandes utérines, spécialement chez la chienne. Il établit d'abord que, dans la matrice de la chienne, se trouvent deux espèces de glandes utriculaires : les simples et les rameuses; il dit que dans la grossesse, les premières n'augmentent pas de volume comme les secondes; il fit plus encore : il enseigna que les glandes utérines rameuses, qui correspondent à l'endroit où s'arrête l'œuf après la fécondation, subissent près de leur débouché une dilatation sacciforme partielle, produite par la pénétration d'une villosité du chorion.

On voit que l'idée conçue que l'humeur secrétée par les glandes utriculaires de l'utérus servait de quelque manière à la nutrition du fœtus, se confirmait de plus en plus. Je dis expressément que cela se confirma, car Burkhardt l'avait auparavant, pour ainsi dire, soupçonné, et Eschricht avait enseigné plus clairement et plus nettement que les glandes utérines des pachidermes, des ruminants et des cétacés élaboraient un suc destiné à la nutrition des fœtus.

Bischoff (1) répéta les observations de Sharpey sur l'évolution de l'œuf chez la chienne. Il donna le nom de cryptes aux glandes utérines simples de Sharpey, et confirma le fait de la pénétration des villosités choriales dans la première partie des utriculaires. Mais il ajouta que ce fait s'observe seulement dans les premiers temps de la gestation, et que, ne l'ayant jamais constaté plus tard, il ne pouvait l'affirmer d'une manière absolue.

Il demeura toujours établi que, pendant la première époque de la vie intra-utérine, le fœtus était nourri du liquide secrété par quelques glandes de l'utérus.

(1) Etwickelungsgeschichte des Hundes. Brunschweig, 1845.

E. H. Weber (1) confirma les observations de Sharpey, en décrivant les dilatations partielles des glandes utriculaires et l'amincissement de leurs parois destiné à favoriser le contact du réseau vasculaire de ces glandes avec celui des villosités fœtales, qui en remplissent les dilatations sacciformes. Il borna ses observations à l'utérus gravide de la chienne, et il déclara qu'il n'avait pas pu observer les mêmes faits dans celui de la femme.

Ces observations, bien que manquant de la clarté et de la précision nécessaires en pareille matière, sont restées acquises à la science, et on les rencontre dans tous les ouvrages italiens ou étrangers de physiologie, avec les désirata d'observations plus complètes qui permettent de les juger à leur valeur.

Je ne peux passer sous silence des affirmations publiées de temps à autre, qui reconnaissent aux glandes utérines des mammifères une importance toujours croissante pendant la gestation.

Ainsi, l'illustre professeur Gurlt (2), en parlant des glandes utérines de la jument, affirme que les villosités du chorion entrent par l'ouverture de ces glandes, et que, par cela même, elles sont très-évidentes dans l'utérus gravide.

Colin (3) dit que c'est le moyen par lequel les papilles placentaires s'unissent avec la muqueuse utérine, et qu'il est le même presque chez tous les animaux ; et il cite à l'appui, mais hors de propos, les observations de Weber.

Pour revenir, après les affirmations, aux observations de

(1) Zusatze zur Lehre von Baue und Verrichtungen de Geschlechtsorgane. Leipzig. 1846.

(2) Handbuch der Vergleichenden Anatomie der Haus-saugethiere. Berlin, 1860.

(3) Traité de Physiologie des animaux domestiques. Paris, 1856. T. 2, p. 561.

fait, Leydig (1) en résuma quelques-unes sur les glandes utérines. Selon lui, la muqueuse de l'utérus est de structure glandulaire dans un grand nombre de mammifères. Ces glandes sont longues et canaliculées chez les juments, les truies et les carnivores ; très-longues chez les ruminants.

D'après Barkow, elles auraient un développement très-grand chez les phoqnes.

Eschricht les avaient déja démontrées chez les dauphines.

Myddelton les a rencontrées très-développées chez l'Opossum.

Leydig, qui ne les avait pas retrouvées d'abord chez la taupe, reconnait ensuite qu'elles y existent et qu'elles présentent une forme utriculaire analogue aux glandes de Lieberkuhn. Chez les rats, à la place des glandes, on trouve des plis de la muqueuse très-prononcés. Cependant, dit-il, en considérant le fait sous un autre point de vue, on pourrait regarder les espaces compris entre ces plis comme des glandes colossales; car il arriverait, dans ce cas, ce qui existe pour les glandes intestinales des batraciens, qui consistent en plis alvéolaires de la muqueuse ou en sacs petits et courts, mais assez larges. Il affirme que l'ouverture de ces glandes est infundibuliforme chez les ruminants; et il répète ce que Malpighi avait déja écrit : que dans la gestation leurs orifices sont tellement dilatés qu'on peut les apercevoir à l'œil nu.

Dans ces derniers temps enfin, le professeur Spiegelberg (2), à la suite d'observations faites sur l'utérus des ruminants, établit que les ouvertures et les canaux des coty-

(1) Lehrbuch der Histologie des Menschen und der Thiere. Frankfurt, 1857

(2) Zeitschrift für rationelle Med zin von Henle und Pfeufer Band. 21,

lédons maternels, où pénètrent les villosités du chorion, ne sont autre chose que de remarquables expansions ou dilatations des glandes utérines, et qu'ils servent à établir l'union intime de la mère avec le fœtus.

Même avant Spiegelberg, Bischoff avait dit, en parlant de l'allantoïde des ruminants : que, pendant la gestation, les nombreux points élevés sur la surface interne de la matrice qu'on observe aussi chez les vaches non gravides, prennent un grand développement, tantôt sous la forme de ventouses, tantôt sous celle d'élévations arrondies avec de nombreuses excavations, que celles-ci paraissent n'être formées que par les glandes utriculaires utérines développées en tubes, où s'emboitent les villosités choriales, et qu'à travers leurs parois s'opère l'échange de matériaux entre le sang de la mère et celui du fœtus.

Voilà, Messieurs, l'état de la science sur cette haute question, depuis Malpighi jusqu'à nous.

Les observations sur la pénétration des villosités dans les glandes utérines n'ont pas été confirmées depuis, et rien n'a été ajouté à ce que Sharpey, Bischoff et Weber nous avaient appris sur une seule espèce d'animaux à placenta unique, c'est-à-dire la chienne.

Cependant, le naturaliste était presque forcé de reconnaître l'importance de pareille observation, surtout après que Gurlt eût affirmé que ce fait était bien clair dans tous les cas où le placenta est villeux ou diffus, comme chez les juments ; et, après les affirmations de Bischoff, et plus encore, après celles de Spiegelberg qui enseignèrent que les cotylédons des ruminants n'étaient autre chose que des dilatations très-remarquables de l'extrémité de quelques glandes utérines.

Je regrette qu'en vue de l'ordre et de la brièveté qu'il

est indispensable d'apporter dans tout ce qui me reste à vous dire, je sois forcé, pour le moment, de nier purement et simplement toutes ces observations.

J'exposerai les faits qui m'ont conduit à cette négation absolue, lorsque je décrirai le moyen d'union entre les fœtus et les mères, dans les différentes formes de placenta, et vous pourrez, alors, aprécier mes recherches et mon opinion.

Pour le moment, je me bornerai à quelques considérations anatomiques sur les glandes utriculaires de l'utérus des diverses espèces d'animaux que j'ai pu examiner.

Le type de ces glandes ne change pas, en général, chez les diverses espèces; mais, on ne peut pas dire qu'on n'y trouve pas quelques différences.

Ainsi, pour commencer par les moins importantes, je remarquerai que, si ces glandes sont toutes formées par un canal plus ou moins long, simplement flexueux ou tortueux, constitué par une mince membrane fibreuse externe et recouverte à l'intérieur d'une couche épithéliale, cependant l'épaisseur de la membrane externe et la forme de l'épithélium varient d'une manière assez remarquable.

Chez quelques animaux, les glandes sont formées par un canal toujours uniformément contourné en spirale, comme chez les juments (P. III, fig 1).

Dans les vaches, par contre, le diamètre du canal est variable ainsi que la forme des glandes, par suite de prolongements sacciformes très-irréguliers, ou d'appendices bosselés ou goîtreux (P. II, fig. 2).

Chez les chiennes et quelques autres animaux les appendices en cul-de-sac bien prononcés ne manquent jamais

(P. II, fig. 1) ; et, quoiqu'ils soient irréguliers, la forme bosselée ou goîtreuse leur faisant défaut, leur irrégularité est moins apparente que dans les vaches, et la dénomination de rameuses qu'on leur a donnée est exacte (P. II, fig. 1, let. *a*).

Chez la chatte les glandes sont piriformes (P. IV. fig. 2), et sur les plus grandes, seulement, j'ai rencontré quelques renflements ou dispositions sinueuses à leurs extrémités.

Chez l'érinacée d'Europe les glandes utriculaires sont formées par un tube uniforme, qui, après avoir parcouru un petit trajet presque en ligne droite, au delà de son orifice, se tourne sur lui-même en glomérule, comme les glandes sudorifères de l'homme.

Chez tous ces animaux les glandes utriculaires marchent obliquement et sont presque parallèles à la surface interne de l'utérus; c'est pour cela, et à cause de leur longueur, qu'il est souvent très-difficile de pouvoir en examiner une entière, et d'en mesurer l'extension exacte. La direction de leur parcours est aussi cause de l'obliquité constante que présente leur orifice (P. III, fig. 3), qui a ordinairement la forme d'un entonnoir (P. II, fig. 1, let. *a* et P. IV, fig. 2, let. *a*).

Chez quelques autres bêtes, l'ouverture est aussi ronde que la cavité de la glande, bien qu'elle se présente obliquement comme chez les juments (P. III, fig. 3).

Chez quelques animaux l'épithélium interne est pavimenteux, comme dans les chiennes et dans les chattes (P. II. fig. 1, et P. IV, fig. 2); chez d'autres il est cylindrique comme dans les juments et dans les vaches (P. III, fig. 3; P. II, fig. 2 et P. V, fig. 2).

Les glandes utriculaires de l'utérus de la femme sont simples ou rameuses; leur membrane externe est excessivement mince, et quelques anatomistes l'appellent anhiste ;

l'épithélium interne est délicat et cylindrique. Il n'est pas aussi facile de les observer que chez les animaux. D'après Hirtl (1), la muqueuse de la cavité utérine serait représentée par ces glandules tubulées, unies ensemble par un tissu connectif, et par des vaisseaux capillaires sanguins. Les sections parallèles à la muqueuse utérine ou transversales des glandes m'ont pourtant fait voir que, dans l'espèce humaine, elles ne sont pas si rapprochées et si serrées, qu'on le prétend généralement, et qu'elles furent dessinées plutôt d'après l'imagination que d'après nature, dans le mémoire de Weber ; ce qui n'empêche pas la figure de Weber d'être reproduite dans un très-grand nombre d'ouvrages récents d'anatomie et de physiologie humaine et comparée.

Chez tous les animaux, pendant la gestation, les glandes utérines augmentent de volume, et l'épithélium devient plus transparent et plus délicat.

Les anatomistes et les physiologistes ont accepté l'opinion de Sharpey, confirmée par Weber et Bischoff, que chez les chiennes et les chattes il existe deux espèces de glandes utérines, les simples et les rameuses, auxquelles quelques-uns voulurent attribuer des fonctions très-disparates : aux simples celle de secréter le mucus uterin, aux rameuses celle de contribuer à la nutrition du fœtus.

Il était fort intéressant pour moi de vérifier une telle observation : mais par les sections verticales de l'utérus, ainsi que je l'ai déjà dit plus haut, on ne pouvait obtenir que des portions de glandes coupées en travers.

Je pensai que pour préparer quelques glandes simples ou cryptes, ou follicules, et des portions suffisantes de rameu-

(1) Manuale d'Anatomia Topografica. T. II, p. 112. Milano 1858.

ses, et que pour les bien juger par comparaison, il fallait, peut-être, enlever à l'aide d'un pinceau et par plusieurs lavages les couches superficielles de l'épithélium de la muqueuse utérine; puis, soulever avec une pince l'enveloppe la plus superficielle de la muqueuse ainsi dénudée, et couper cette même enveloppe à sa base pour l'étendre sur un verre. Alors, je devais découvrir facilement, à l'aide du microscope, dans cette couche mince et superficielle, ce qu'il m'importait d'observer.

L'expérience réussit, et elle sera toujours de la plus grande utilité pour ceux qui voudront rechercher les glandes utérines des animaux.

Par ce moyen, j'ai obtenu plusieurs fois des glandes utriculaires entières de l'utérus de la chienne telles qu'elles sont représentées (P. II, fig. 1, let. *a*, *a*); mais toutes les recherches que j'ai répétées par ce même procédé n'ont jamais pu me faire observer une seule glande simple ou crypte dans l'utérus de la chienne. Puisque j'obtenais souvent des utriculaires complètes, la même chose aurait dû m'arriver et même beaucoup plus facilement, pour les glandes courtes où cryptes, si elles avaient réellement existé.

En étudiant de la même manière la muqueuse utérine de la chatte, j'ai cru d'abord reconnaître les deux espèces de glandes de Sharpey et de Weber; mais, en regardant de plus près (P. IV, fig. 2, let. *b*, *b*) je constatai que cette apparence ne provenait que d'un degré différent de longueur et de volume d'une même espèce de glandes. Serait-il possible, que le nombre des gestations eût assez d'influence pour faire exister ou manquer, aussi chez la chienne, ce que j'avais observé chez la chatte? Serait-il possible que chez quelques iudividus seulement, le volume de ces glandes se trouvât aussi sensiblement variable? Pour résoudre ces questions, il faudrait se livrer à un très-grand nombre de recherches comparatives que je n'ai pu faire. Mais les observations que j'ai rapportées, bien que restreintes, suffisent pour refuter, avec certitude, le fait capital tel qu'il était avancé de l'existence de deux espèces de glandes distinctes dans l'utérus de la chienne et de la chatte; fait dont on avait déduit de si graves conclusions physiologiques, en attribuant aux unes et aux autres des fonctions très-différentes.

Si on ne peut pas admettre deux espèces de glandes utérines chez les chiennes et chez les chattes, on les retrouve réellement et on les observe avec facilité dans d'autres espèces, par exemple : chez la vache et chez la brebis. L'observation en est sûre et facile, en coupant transversalement la muqueuse qui recouvre les cotylédons rudimentaires de l'utérus non gravide de ces animaux. Chez eux, on ne peut soulever la muqueuse à l'endroit indiqué, de la même manière que chez la chienne ou la chatte. Jusqu'à présent, l'existence des cryptes ou de glandes simples, que j'appellerai follicules glandulaires simples pour éviter les équivoques, s'était dérobée aux recherches des observateurs. Ils sont en réalité très-nombreux et se trouvent agglomérés dans les cotylédons rudimentaires ; bien qu'ils ne manquent pas dans le reste de la muqueuse utérine, ils y sont plus rares et plus dissséminés.

Dans les sections verticales et transversales faites près de la surface interne des cotylédons de la vache (P. v, fig. 2), les follicules se montrent presque toujours coupés en travers; ce qui, à mon avis, signifie qu'ils ont une forme sinueuse, et qu'eux aussi, comme les glandes utriculaires, se dirigent obliquement. Dans quelques cas, seulement, on parvient, par des incisions verticales, à couper aussi verticalement ces follicules; ils apparaissent alors sous forme de fentes très-minces et sinueuses.

Ils diffèrent essentiellement des glandes utriculaires, parce qu'ils sont beaucoup plus courts et plus minces, et parce que leur épithélium interne est pavimenteux au lieu d'être cylindrique, comme dans les glandes utriculaires (P. v, let. *a*). Ils ont de commun avec celles-ci, qu'ils augmentent, eux aussi, de volume pendent la grossesse. Pour la longeur, ainsi que pour le volume, ils varient sensiblement entr'eux. Ceux qui se trouvent agglomérés dans les cotylédons rudimentaires, et qui ne sont que le pédicule du cotylédon maternel dans l'utérus gravide, ainsi que les glandes utriculaires qui le parcourrent, versent très-probablement l'humeur sécrétée à la base et dans l'intérieur du cotylédon maternel, ou organe glandulaire de nouvelle formation.

Dans les uns comme dans les autres, il est très-difficile de bien distinguer l'orifice. Près de la base de l'organe glandulaire on voit souvent des segments de ces follicules (P, vi, fig, 1. let. *m*), et ce qu'il y a de plus remarquable ce n'est pas tant l'augmentation de volume que le changement dans la sécrétion.

En effet, leur surface interne n'est plus recouverte d'épithélium pavimenteux, et on y observe des cellules ovales très-diaphanes.

Il est difficile d'affirmer quel peut être leur office ; cependant leur augmentation de volume, pendant la grossesse, leur agglomération dans les cotylédons et leur changement de sécrétion laissent supposer qu'ils sont chargés d'une fonction importante, analogue à celle des glandes utriculaires. En tout cas, ce que j'ai dit sur les follicules de la vache, et spécialement sur les endroits où se forme le placenta, suffit, d'après moi, pour exclure l'affirmation de ceux qui admirent et soutinrent l'existence de glandes courtes et simples dans l'utérus des animaux, en leur attribuant la fonction très-simple de sécréter le mucus utérin.

Au centre des dépressions utérines, qui constituent les cotylédons rudimentaires chez les brebis, j'ai dit qu'on observe les follicules glandulaires simples en très-grand nombre.

Il y a cependant une différence avec ce qu'on trouve chez la vache. Dans le cotylédon rudimentaire de l'utérus non gravide de ce dernier animal, les ouvertures des glandes utriculaires sont mêlées à celles des follicules (P. v, fig. 2) ; tandis que dans les cotylédons rudimentaires de la brebis, les glandes utriculaires débouchent autour du bord relevé qui circonscrit les cotylédons, et que, dans la dépression ou concavité centrale, on observe seulement, en très-grand nombre, les follicules simples.

J'ai répété que les glandes utriculaires, ainsi que les follicules, augmentent de volume dans la grossesse ; bien que cette observation remonte, pour les glandes, jusqu'à Malpighi, la mesure de leur augmentation n'avait été indiquée par personne.

L'illustre professeur Panizza (1) tenta l'injection des glandes utriculaires par leur orifice, et il dit qu'elles sont formées par un mince canalicule qui se partage en deux ou trois autres plus petits canalicules, serpentins et goîtreux, se terminant, après un trajet de trois ou quatre lignes, en culs-de-sac. Mais il ne dit pas s'il avait tenté les injections

(1) Sopra l'utero d'alcuni Mammiferi, Milano, 1836. p. 10.

de l'utérus gravide ou non. Il est fort probable qu'il le fit pendant la gestation, lorsque l'augmentation de volume des glandes rend l'opération plus facile : on ne peut pourtant pas l'affirmer.

Chez la vache les glandes varient en longueur et en largeur dans l'utérus gravide ainsi que dans l'utérus non gravide, et la difficulté qu'on éprouve à les enlever tout entières et en nombre suffisant ne m'a pas permis d'établir la moyenne approximative de leur longueur. Je me suis donc contenté de noter les différences qu'on rencontre en mesurant leur diamètre transversal ; les coupes en ce sens étant, comme je l'ai dit, assez faciles et plus nombreuses dans l'utérus gravide et dans l'utérus non gravide. J'ai tâché de les mesurer toujours près de leur orifice parce qu'en ce point on ne rencontre pas les dilatations totales ou partielles qui se trouvent dans le trajet des glandes utérines de quelques animaux, et spécialement de la vache, ce qui serait une cause d'erreur.

Voici les résultats que j'ai obtenus :

Dans l'utérus non gravide de la jument, le diamètre traversal des glandes utriculaires, l'épaisseur des parois comprise, varie de 0 $^{mm}$, 04 à 0 $^{mm}$, 05, Dans l'utérus de la jument à terme j'ai trouvé qu'il avait de 0 $^{mm}$, 05 à 0 $^{mm}$, 06.

Dans l'utérus gravide de la vache, ces glandes arrivent à un développement beaucoup plus considérable. Pour plus d'exactitude, je pris, chez cet animal, les mesures dans des coupes transversales sur le cotylédon de vaches non gravides, et sur le pédicule du cotylédon de vaches gravides. Dans le premier cas, le diamètre trensverse la paroi comprise, était de 0$^{mm}$, 09 à 0$^{mm}$, 10, dans le second, au troisième mois de la gestation, il atteignait de 0 $^{mm}$, 14 à 0 $^{mm}$, 16.

Je mesurai encore dans les mêmes régions les follicules simples. Chez les non gravides, le diamètre des follicules étant, comme on l'a dit, normalement fort variable, il changeait de $0^{mm}, 02$ à $0^{mm}, 04$ ; chez les gravides de $0^{mm}, 04$ à $0^{mm}, 08$.

Nous verrons plus loin comment et pourquoi on doit considérer la cavité interne de l'utérus de la femme et de la jument comme étant, en définitif, recouverte par une membrane muqueuse. Mais, dès à présent, nous pouvons admettre l'opinion universelle, que la muqueuse utérine présente des différences remarquables dans les diverses espèces d'animaux. Cela posé, il nous sera permis de citer les particularités qu'on rencontre dans la muqueuse utérine des lapines, où quelques savants anatomistes, comme Bischoff, ne sont pas sûrs de l'existence des glandes utriculaires, que d'autres comme Leydig ont nié pour quelques rongeurs, tels que les rats.

La muqueuse de l'utérus non gravide de la lapine paraît formée de minces follicules que l'on dirait muqueux, rapprochés les uns des autres, ayant une cavité ou canal très-étroit, et long de $0^{mm}, 05$ à $0^{mm}, 08$. Ce furent peut-être ces follicules que Leydig, comme je l'ai dit plus haut, compara aux glandes intestinales de Lieberkuhn dans la taupe, sans trouver une différence essentielle entre celles-ci et les plis fort élevés qu'on peut voir dans la muqueuse utérine des rats.

L'opinion de Leydig se trouve solidement appuyée lorsqu'on examine comparativement la muqueuse utérine d'une lapine gravide et les endroits où il ne s'est pas formé de placenta. Ici on rencontre de grandes doublures ou plis saillants de la muqueuse, où les follicules glandulaires que j'ai mentionnés, ont réellement acquis un développement colossal.

Je parlerai de cela plus au long en m'occupant de la formation du placenta.

Pour le moment, je me bornerai à noter qu'en examinant l'utérus d'une lapine gravide, chez laquelle la portion supérieure d'une corne était restée vide dans la longueur d'environ 4 centimètres, je trouvai la muqueuse de toute cette portion de la matrice parsemée de follicules hauts de 0 mm, 02 à 0 mm, 03 et larges de 0 mm, 04 ou très-peu plus. Ils avaient tous un orifice beaucoup plus large, variant de 0 mm, 04 à 0 mm, 08. Dans les plus grands l'ouverture, ou cavité centrale, était de 0 mm, 02 ; l'épaisseur de la paroi et de la couche épithéliale interne en mesurait 0mm, 03 ?

Il me fut facile d'établir ces observations en soulevant et en détachant des plis de la muqueuse par le procédé que j'ai indiqué. Par ce moyen, ce qui est surtout important, on s'assure qu'il n'existe pas de glandes utriculaires dans l'utérus de la lapine. Par contre, avec les incisions verticales de l'utérus gravide et non gravide de cet animal, on reste toujours forcément dans l'incertitude et dans le doute. En effet, à l'aide de ces incisions, on voit facilement paraître des tubes glandulaires, mais ils sont coupés transversalement et un peu éloignés les uns des autres (P. VII, fig. 4, let. *d. d*).

Sans le procédé que j'ai décrit, il était impossible de se faire une idée de la longueur et de la distribution de ces prétendus tubes glandulaires, qui semblent bien rares et dispersés, lorsqu'ils ne sont qu'une partie des bases des follicules, divisés transversalement et compris dans les coupes de la préparation.

On s'explique ainsi les doutes de quelques-uns et les contradictions entre ceux qui admirent et de ceux qui nièrent l'existence des glandes utriculaires dans l'utérus des lapines.

Il est de plus démontré que les glandes utriculaires utérines manquent réellement chez quelques mammifères. Dans ce cas, les cryptes muqueux ou glandes simples augmentent de volume pendant la grossesse d'une manière vraiment extraordinaire et capable de faire supposer, avec quelque apparence de raison, qu'ils remplissent la fonction qui appartient, en pareille circonstance, aux glandes utriculaires et aux follicules simples, lorsque ces organes ne manquent pas. Du fait même de l'absence des glandes utriculaires, on peut donc arguer la grande importance qu'elles ont pendant la période de gestation ; mais il reste toujours très-difficile de dire quel est précisément leur office.

Les faits nombreux que je viens de citer, rendent fort probable, selon moi, l'opinion émise avec moins de données par Eschricht, et adoptée par plusieurs illustres physiologistes modernes, c'est-à-dire, que ces glandes auxquelles j'ajouterai les follicules simples, élaborent, pendant la grossesse, une humeur destinée à fournir quelques éléments pour la nutrition du fœtus, et cela spécialement lorsque les organes qui en sont chargés, ou les villosités du chorion, ne sont pas complètement développées. Que les unes et les autres produisent, en grande partie, dans le temps de non gestation, l'humeur connue sous le nom de mucus utérin, cela est fort probable; mais ce que je tiens à affirmer c'est qu'il n'existe pas dans l'utérus des mammifères des glandes distinctes dans la forme, le volume et l'office, comme plusieurs auteurs l'ont avancé.

En parlant de la caduque humaine je montrerai qu'il faut la considérer comme un produit d'exsudation dû, en sa plus grande partie, aux glandes utriculaires, et que les nombreuses ouvertures qui la perforent suivent précisément les débouchés de ces glandes qui y demeurent ouvertes pour le transport continu des matériaux élaborés par elles.

Le même fait, bien qu'avec des résultats entièrement opposés, se voit en toute évidence dans les enveloppes fœtales de la vache, chez laquelle la plupart des anatomistes s'accordent à nier la caduque utérine ou vraie. Elle existe pourtant ; et on la voit facilement dans les préparations durcies dans l'alcool ou dans l'acide chromique. On la rencontre sous forme de pellicule jaunâtre composée de cellules épithéliales irrégulièrement stratifiées, et couvrent à toute la surface du chorion. La différence principale de cette couche épithéliale, qui représente la caduque humaine, c'est qu'au lieu d'adhérer à la surface interne de l'utérus, elle adhère au chorion, vers lequel est dirigé le produit des glandes utérines.

Il en résulte, qu'au lieu des trous ou pertuis qu'on aperçoit dans la caduque humaine, on rencontre dans la caduque de la vache, aux endroits correspondants aux glandes utérines, des squamelles en forme d'opercules, d'une substance jaunâtre, transparente, dure et résistant aux acides et aux alcalins, qui s'infiltrent dans le chorion lui-même, et s'y assimilent.

Burkhardt (1) fut le premier à en parler, et aucun autre n'a répété son observation. Or, en examinant ces squamelles, j'ai pu remarquer qu'elles sont formées par une lamelle plus large qui s'appuie au chorion, et que, du côté de la surface utérine contre l'orifice des glandes, il y a sur la lamelle une protubérance ovoïde de la forme d'un gros

(1) Quum igitur uterum a chario removissem, propius lente vitrea armato oculo inspexi, et corpsuscola minima lutea chorio inhœrentia ex oculis vasorum spiralium recedere observavi. Simulac ex vasorum orificiis hæc corpuscola remota fuerunt: guttulæ humoris lacitei ex vasibus spiralibus extillaverunt. — Observationes Anatomicæ de uteri vaccini Fabrica. Basileæ, 1834. p. 24.

noyau tantôt uni et à granulations grisâtres centrales, et tantôt irrégulièrement rugueux et granuleux. La grandeur de ces squames ou opercules solides est variable ; quelques-uns sont arrondis, et d'autres ovalaires ou élliptiques Le diamètre total de ceux qui sont arrondis dépasse un peu 0 mm, 10; et l'élévation ovalaire centrale est de 0 mm, 06 dans son plus grand diamètre. Parmi ceux de forme elliptique, les plus grands mesuraient 0 mm, 30 de longueur principale, et 0 mm, 16 de largeur. Le noyau central était long de 0 mm, 24, et large de 0 mm, 10.

Ce que je viens de dire jusqu'à présent, suffira pour les glandes utérines et pour leurs fonctions. Mais, il me reste à parler, beaucoup plus longuement, de l'organe glandulaire de nouvelle formation dans l'utérus des mammifères et de l'espèce humaine, lequel forme toujours, comme je l'ai annoncé, la portion maternelle du placenta.

III

# DE L'ORGANE GLANDULAIRE

## ou placenta maternel chez les animaux

## à placenta villeux ou diffus.

---

Les anciens auteurs d'anatomie comparée ont constaté l'absence du placenta et des cotylédons dans l'utérus gravide de quelques animaux, tels que les chevaux et les porcs; les modernes ont ajouté que le placenta villeux ou diffus, comme on l'appelle maintenant, se rencontre aussi chez les chameaux, les dromadaires, les lamas, et, d'après Mueller, chez les cétacés (1). Une nouvelle étude comparée de l'utérus gravide de ces mêmes animaux pourra faire découvrir quelques différences anatomiques d'un certain intérêt.

On a déjà remarqué que, dans les truies, les papilles du chorion, au lieu d'être courtes, très-rapprochées et presque régulièrement distribuées sur toute sa surface, se réunissent sous forme de pinceaux ou touffes, au milieu desquelles les autres papilles sont beaucoup plus rares. Ce fait constitue, à leur avis, une forme transitoire entre les placentas

(1) Mueller. Manuel de physiologie. Paris, 1851. T. 2. pag. 731.

régulièrement diffus, et les placentas agglomérés des ruminants (1). Pour le moment, je n'examinerai que le placenta villeux ou diffus de la jument, n'ayant pas pu étendre mon examen à celui d'autres animaux. Heureusement, on affirme que le placenta de la jument présente une simplicité plus grande que celui de la truie, et j'aurais dû, par conséquent, le choisir comme type pour les observations que je vais vous exposer.

En comparant les notions que la science des anciens nous a léguées à ce sujet, nous trouvons que l'enseignement, le plus rapproché de la vérité, est dû à notre Ruini. Dans la description du placenta ou secondine de la jument, il s'exprime ainsi :

« Sur ces enveloppes fœtales existe la chair rouge, spon-
» gieuse et mince, qu'on rencontre dans la matrice et les
» cornes de l'utérus des juments gravides. Elle est formée
» par le premier sang des veines utérines, qui sort presque
» épaissi et caillé de leurs extrémités ouvertes sur la surface
» interne de la matrice. Sa forme est celle de la matrice
» même, parce qu'elle est disseminée sur toute sa surface.
» Elle diffère de la forme du placenta ou secondine de la
» femme, en ce que cette dernière est ronde comme une
» galette. (2) »

(1) Colin. Traité de Physiologie comparée des animaux domestiques. Paris, 1856. T. 2., pag. 560.

(2) Sopra queste tele è quella carnaccia rossa, spugnosae sottile che si ritrova nella matrice e nelle braccia delle cavalle pregne, e nasce dal primo sangue delle vene della matrice, il quale quasi ingrossato e rappreso, esce dalle estremità loro che finiscono colle bocche aperte nella superficie di dentro della matrice, ed ha la istessa forma che tutta la matrice, essendo sparsa per tutte le sue parti ; ed è differente dalla placenta o secondina delle donne essendo in queste di forma tonda come una focaccia.
Dell' Anatomia e delle infermità del Cavallo. Bologna, 1598. Lib. IV, Cap. XII Anatomia.

Par suite de mes observations, je suis persuadé que ces paroles de Ruini se rapportent réellement à l'organe glandulaire que je décrirai bientôt, et qui se forme sur toute la surface utérine interne.

Je ne veux pourtant pas nier que par ces mots : « *carnaccia rossa e spugnosa* » il n'ait voulu parler des villosités choriales, qui furent plus tard considérées par les auteurs comme constituant, à elles seules, le placenta des juments, ou bien de ces villosités et de l'organe glandulaire ou portion maternelle du placenta, tout ensemble.

Huit ans après Ruini, le célèbre Fabrice d'Acquapendente, dans son œuvre mémorable *de Formato fœtu* (1), considéra les villosités du chorion comme représentant le placenta dans les juments. Cette opinion fut connue et acceptée par l'illustre Albert Haller, qui en développant l'idée arriva à affirmer :

« In omnibus omnino quadrupedis chorion repetitur, etiam in iis, quibus vera placenta vix tribui potest, ut in sue, ut omnino videatur naturam quadrupedum posse placenta carere, chorio carere non posse. (2) »

Fabrice avait fait aussi une autre observation qui mérite une mention spéciale, parce que c'est lui qui la publia pour la première fois, et parce que les autres l'oublièrent ou la répétèrent d'une manière vague et incertaine. L'observation est celle-ci : les petites saillies formées par les villosités du chorion entrent dans autant de cavités correspondantes de l'utérus :

« Minima et innumera tubercula per chorion dispersa et se » se quasi mutuo tangentia, quæ in cavitates, sibi in utero res-

(1) Padova, 1604.

(2) Elementa physiologiæ corporis humani. Bernæ. 1766. T. VIII. pag. 185.

» pondentes, intrant, quæ sane carneæ substantiæ vicem su-
» beunt » (1).

Or, si nous recherchons quels ont été les dévelopements de cette découverte, depuis Fabrice jusqu'à nous, nous ne trouverons rien de satisfaisant ; car elle n'a été que simplement reproduite et souvent encore oubliée.

Baër a écrit (2): que le chorion des pachidermes est couvert de villosités qui ne grossissent pas beaucoup ; elles correspondent à un nombre considérable de fossettes de la surface utérine, disposées en rayons de ruche qui reçoivent, une par une, les villosités.

Quelques années après, Mueller, au lieu d'ajouter quelque chose de plus clair et de plus précis, fut plus vague et plus incertain que Baër lui-même. Il dit (3). que dans les pachidermes, le placenta fœtal s'étend sur la surface entière du chorion, et que le placenta maternel est également distribué sur la face interne de l'utérus, qui prend une texture cellulaire et présente des dépressions nombreuses destinées à recevoir les villosités choriales.

Mon étude retrospective ne s'arrête pas là. Les anciens savaient que l'union du chorion avec l'utérus, chez les juments et les truies, ne se fait que dans les derniers temps de la gestation, et cette observation qui va maintenant acquérir une grande importance, à cause de la néoformation d'un organe glandulaire sur toute la face interne de l'utérus, que je vous démontrerai, ne fut pas simplement oubliée, mais

(1) Hieronimi Fabricii ab Acquapente. Opera omnia, Anatomia et Physiologia. De formato fœtu, Pars 11, p. 89. Lugdeine Batav. 1737.

(2) Untersuchungen uber die Gefaesseverbindung zuischen Mitter und Frucht in den Saugathieren. Leipzig, 1028.

(3) Manuel de physioloieg Paris, 1851. T. 2, p. 732.

encore méconnue par des faits contraires à la vérité.

Le premier qui signala aux anatomistes et aux physiologistes ce fait si important, fut l'anglais Needham (1) qui, après avoir annoncé que, dans les truies pleines, le chorion n'adhère d'aucune manière à l'utérus, jusque vers le milieu de la gestation, et que, vers la fin, les saillies ou tubercules du chorion y adhèrent légèrement, ajoute :

« Equa quoque, ut sepius innui, prioribus mensibus fere » eodem modo se habet et utero nusquam cohæret. Donec » post aliquod tempus tubercula carnea exigua appareant » orobi magnitudine Hæc paulatim augentur, invicem conti- » nuantur et digitulos (non glanduloso corpore utero adnas- » centi) (2) sed ipsi uteri membranæ interiori, satis insignes » inserit. Ut revera continuata quædam placenta per totum » chorion extensa videatur, vel potius chorion ipsum ex » membrana in placentam mutatum. « Et un peu plus loin à » la page 181 »: Tandem in posterioribus mensibus eo ventum » erit, ut chorion, notabili jam crassitie insigne, placentam » utero continuatam repræsentet, surculosque infinitos to- » tidem venulis turgidos, uteri tunicæ interiori immittat. »

Snape (1) observa en outre, que le chorion des juments n'adhère à la membrane la plus interne de l'utérus que vers la fin du sixième mois, et que, dans les derniers mois, les villosités du chorion augmentent tellement de volume qu'il paraît avoir perdu les apparences d'une membrance pour devenir un placenta (2).

(1) Disquisitio anatomica. De Format. Fœt. Londini 1867, page 177 et suiv.

(2) En parlant des truies il avait dit : « Nullæ hic glandulæ, nulla placenta. l. c. »

(3) Anatomy of the horse. London, 1606.

(2) Cette citation a été prise dans la traduction française de l'ouvrage de Snape par Garsault : L'anatomie générale du cheval. Paris, 1732 p. 32.

Wepfer (1) confirma ces observations, en les attribuant à Graaf. Mais cet anatomiste célèbre n'a réellement fait que répéter des observations déjà publiées par d'autres, comme nous l'avons vu (2).

Haller (3) coordonnait, pour ainsi dire, plus tard ces différentes observation sans ajouter rien de nouveau, et en laissant même des incertitudes qu'il faut rappeler. Ainsi, après avoir dit :

» Qui equo et sui nullam placentam esse docent, ii prima
» tempora fœtus sola describunt, in quibus sola chorii mem-
» brana uterum sublinit. Nam etiam in his animalibus placenta
» sensim subnascitur, et in equo quidem chorion ex vasis
» nunc numerosissimis congesta in unam continuam placen-
» tam abit quæ cum utero confervet. »

Il ajoute un peu plus loin (4) :

« Quæ enim animalia eam conjunctionem (l'union de l'u-
» térus avec le placenta) habent leviorem, iis etiam plus de
» chorii natura manet, et minus cum placenta humana con-
» venit, ut equo et sui, et excusari possunt veteres, qui pla-
» centam pro crassiori chorii particula habuerunt ».

Je ne veux pas nier que les anciens n'aient été excusables, mais il me semble que cet illustre physiologiste n'a fait précisément que répéter ce qu'ils avaient dit. Pour eux tous,

(1) Ephem Natur. Curios. Dec : I. An. I. 3 obs. p. 129.

(2) « In suibus vero per totam gestationem placenta nulla dec prehenditur, at tan tum Chorii crassitie-qudam apparet : idem quoque in equibus primis gestationis mensibus observari dicitur, donec post mediam gestationem in chorio exigua tubercula carnea excrescant, quorum beneficio illud utero cohæreat. — R. Graaf. Opera omnia. Lugduni, 1678. p,207 ».

(3) Idem. Physiol. T. VIII. Bernæ, 1766. p. 233.

(4) Idem. p. 226.

le placenta était formé par les villosités du chorion, les mêmes incertitudes remontaient bien que plus prononcées, jusqu'à Fabrice, qui avouait, avec la simplicité antique, sa propre ignorance :

« In porcis autem et equis, quibus carnea moles nulla » conspicitur, quid dicemus ? Non certe quod aliquando » Aristoteles præcepit ut rem obscuremus, cum ignoramus : » sed magis cum aliqua concinna sententia ignorationem » tegamus : quæ est, ut in procino et equino fœtu carneam » substantiam ut in cæteris non observemus quoniam Deus » providentiam et protestatem suam multarum rerum » mirabili varietate voluit ostendere ».

Et peu après il disait aussi :

« At cur equinus et porcius fœtus ea destituantur, nihil » habeo quod asseram Nisi forte dicamus, non prorsus defie- » re, cum exterius per totum chorion exigua, imo minima, » innumeraque tubercula, quasi se tangentia conspiciamus, » cavitates illas in utero respondentes intrantia. Cur » vero in equino et porcino fœtu ita habeant, explicet » ille que me felicior tantorum potuit rerum cognosiere » causas (1) ».

Toutes ces observations sur l'utérus gravide des juments, qu'aujourd'hui on peut appeler anciennes, n'ont pas été développées, après la coordination d'Haller, ainsi qu'elles méritaient de l'être. Les auteurs postérieurs et les modernes se contentent de constater que la muqueuse utérine des juments pleines est tuméfiée; ou bien, ainsi qu'ont fait Baër et Mueller, on a reproduit, sous un aspect nouveau mais incomplet, ce que Fabrice et Needham avaient plus claire-

(1) Hyvrsoimi Fabricii ab Aquapendente oo. cit. p. 89.

ment énoncé. Aucun d'eux n'a cherché ou publié ce qu'était en fait « *la carnaccia rossa* » qui se formait sur toute la surface utérine interne, comme Ruini l'avait indiqué avant tout autre.

Les modernes, en général, ont admis l'idée que les villosités du chorrion formaient, par elles mêmes, le placenta des pachidermes, disseminé ou diffus sur toute la surface. L'opinion, inexacte à vrai dire du célèbre Gurlt (1) que les villosités choriales pénétraient directectement chez ces animaux dans les glandes utriculaires de l'utérus, ne servit pas à changer cette idée.

Si elle avait été exacte elle aurait confirmé tout au plus, chez ces mêmes animaux, les observations de Sharpey et de Weber sur la pénétration de l'extrémité de quelques villosités dans la première portion de quelques glandes utérines, là où se forme le placenta.

Je n'aurais qu'à citer quelques mots de Colin pour montrer comment, de nos jours, on a tout-à-fait oublié les vérités anatomiques, bien qu'incomplètes, des anciens, que je viens de rapporter.

« Le mode d'union des papilles placentaires avec la mu-
» queuse utérine est à peu près le même dans tous les ani-
» maux, quelle que soit, du reste, la forme du placenta... Du
» côté de l'utérus la membrane muqueuse offre, d'après les
» belles observations de Berres et celles de Weber, plusieurs
» sortes de follicules : les uns larges et peu profonds parais-
» sent destinés à la secrétion du mucus ; les autres très-
» larges, à une seule entrée et à ramifications nombreuses,
» destinées à recevoir chacun une papille placentaire et les

(1) Hanbuch der Vergleichenden Anatomie der Haus. Saügethiere, Berlin 1868 p. 431.

» divers filaments. Ces follicules ont, chez les ruminants, » des ouvertures énormes....... (1). »

Malheureusement la conclusion de ces recherches historiques n'est pas encourageante. Après plus de deux siècles on a oublié les quelques faits exacts déjà connus; puis on a publié de nouvelles observations, erronées ou inexactes, qui nous ont amenés à une série d'erreurs que j'ai résumées en reproduisant les paroles de Colin.

L'examen comparatif de la muqueuse de l'utérus gravide et non gravide des juments présente le plus grand intérêt pour les anatomistes et les physiologistes parce qu'il révèle dans toute sa simplicité et avec netteté la double structure constante du placenta En comparant la muqueuse d'un utérus non gravide, avec celle d'un utérus gravide presqu'à terme, de cette espèce d'animaux, on remarque, même par la simple observation extérieure et superficielle, certaines différences de forme et de couleur, qui deviennent évidentes sur la muqueuse de l'utérus non gravide.

Dans l'utérus non gravide, la muqueuse est unie et veloutée, de couleur simplement rosée tendant au jaunâtre; ça et là elle est dédoublée en plis grands et mous. Dans l'utérus gravide, par contre, les mêmes plis manquent, et toute la surface de la muqueuse est parsemée de saillies vermiformes, serpentant étroitement les unes près des autres, de couleur rouge foncé très-intense et tendant au violacé; la surface, au lieu d'être unie, est d'apparence tomenteuse, et, en l'observant, on ne peut s'empêcher de songer à la « *carnaccia rossa e spugnosa* » de Ruini.

1 Traité de Physiologie comparée des animaux domestiques, Paris 1856 T.II p. 561.

En coupant verticalement des portions d'utérus gravide à gestation avancée, et en les comparant avec des incisions pareilles de l'utérus non gravide, on aperçoit, même à l'œil nu, que la muqueuse, qu'on distingue à peine dans ce dernier, est considérablement grossie dans l'autre, et qu'elle constitue une couche uniforme, d'un millimètre et demi à deux millimètres d'épaisseur, de couleur rouge jaunâtre dans l'intérieur de la surface coupée, ayant ici aussi un aspect tomentueux. En décollant avec précaution le chorion, on réussit facilement à voir que les villosités nombreuses et serrées, qui le recouvrent, entrent dans la couche tomenteuse, en laquelle semble s'être transformée la muqueuse.

Il est extraordinaire que les anatomistes et des physiologistes très-respectables se soient contentés de ces simples observations, et n'aient pas poussé leurs recherches plus loin. Je n'ai moi-même, jusqu'ici, rien ajouté à ce que Fabrice et Needham nous avaient appris, et que Baër et Mueller nous avaient un peu moins complètement répété. Mais l'examen microscopique m'a révélé bien vite l'explication facile et certaine de ces transformations, que je vais indiquer brièvement.

Dans la P. III. fig. 1 et 2, j ai reproduit une section verticale de l'utérus gravide et non gravide de jument, observée au même et très-faible grossissement, afin qu'on puisse apercevoir de prime abord, et un peu mieux, les différences que j'ai déjà dit être visibles à l'œil nu.

La ligne obscure (fig. 1, lett. *a a*), représente la couche épithéliale qui couvre toute la surface interne de l'utérus non gravide des juments. Les lett. *b b*, indiquent les glandes utriculaires; les unes sont en parties entières, tandis que les autres sont coupées de différentes manière. La faiblesse du grossissement ne laisse distinguer aucun élément de la couche cellulo-vasculaire sous-muqueuse, au milieu de laquelle elles se trouvent.

La fig. 2 représente une nouvelle section verticale de l'utérus gravide dans le même animal, et ce qui frappe d'abord c'est l'augmentation de la ligne marquée *a a*, dans la figure précédente. Ce n'est plus une ligne obsure, où les éléments cellulaires qui la composent ne sont pas apparents, mais une couche uniformément ondulée et formée par des masses résultant de l'union de petites outres ou follicules rapprochés les uns des autres (lett. *a a*). Les masses sont séparées entr'elles par les canaux secréteurs des glandes utriculaires (lett. *b b*), qui, en raison de la hauteur de la couche sous-muqueuse, et par leur augmentation de volume, sont plus facilement coupées en travers dans l'utérus gravide.

De ces quelques indications même il surgit une double et fort grave question : Qu'est-ce que cette muqueuse utérine chez la jument, et quelles parties doit-on comprendre sous cette dénomination ? Quelles sont les parties de la muqueuse qui se transforment pour donner lieu aux différences qu'on a remarquées ?

Pour répondre à la première, je dois d'abord rappeler que, depuis longtemps, les anatomistes s'étaient demandé si la surface interne de l'utérus de la femme était ou non recouverte par une membrane muqueuse. Bischoff, dans son traité sur le développement de l'œuf, toucha à cette question en parlant de la caduque, et il conclut : « Que si l'on veut bien » admettre dans l'utérus de la femme l'existence d'une » membrane muqueuse, qu'on puisse par le scalpel, la macé- » ration, ou toute opération, distinguer et séparer en une » couche interne membrani-forme spéciale, comme dans » le plus grand nombre des mammifères, il faut convenir

» que la matrice de la femme n'a pas de muqueuse, car
» même avec les sections verticales minces, et à l'aide du
» microscope on ne voit, nulle part, même la trace d'une
» couche semblable distincte du parenchyme utérin. »

Puis il ajoutait :

« Si l'on considère la nature de la surface interne de cet
» organe, on s'aperçoit qu'elle a de grands rapports avec
» une surface muqueuse. »

En vérité, il me semble que Bischoff, de cette manière, a écarté plutôt que résolu la question Et ce qui a été dit pour la muqueuse utérine de la femme, peut également se répéter pour l'utérus de la jument gravide ou non gravide. Même pour cette espèce d'animaux on tomberait dans de plus fortes contradictions ; car, en jugeant que la muqueuse utérine, dans les juments gravides, est formée par la couche de follicules, dont j'ai parlé plus haut, il faudrait aussi affirmer que chez elles l'utérus se couvre dans sa surface interne d'une membrane muqueuse seulement pendant la gestation, et qu'elle manquerait dans l'utérus non gravide, si l'on ne voulait donner le nom de muqueuse à une simple couche épithéliale. Ainsi la muqueuse utérine existerait chez les juments, lorsqu'elles ne sont pas pleines, et ferait défaut pendant la grossesse. Or les particularités que j'ai mentionnées sur la muqueuse utérine en parlant des glandes de l'utérus me permettront, je crois, d'éclaircir, en les rappelant, cette question qui a quelque intérêt tant pour l'anatomie que pour la physiologie, et qui en a un spécial pour moi, forcé comme je le serai, à chaque moment, de vous parler de la muqueuse de l'utérus.

La solution de cette question, d'abord bien complexe et difficile, si l'on borne les recherches à la matrice humaine, devient, par contre, bien facile à mon avis, si on appelle à son aide l'anatomie comparée. En effet, de quoi se compose la muqueuse utérine chez les animaux dans lesquels elle est admise par tous sans conteste ? On affirme que la muqueuse existe lorsque sans l'aide d'aucune méthode de dissection, on peut facilement enlever, de la surface interne de la matrice, une couche membraniforme : on l'affirme avec plus d'assurance encore lorsque cette couche s'élève sous forme de doublures ou de plis plus ou moins apparents. Mais les apparences ne doivent pas être confondues avec la réalité.

En examinant au microscope la surface interne de l'utérus de la jument ou de la femme, où n'existe pas une vraie muqueuse dans le sens anatomique du mot, et un pli festonné de l'utérus d'un rat, où l'existence de la muqueuse n'est pas mise en doute, l'observateur ne constate aucune différence réelle entre les élements histologiques de l'une et de l'autre.

Il a déjà été dit que, dans la jument, c'est une couche épithéliale qui s'appuie sur un tissu connectif mou de la surface interne utérine, tandis que dans la femme on observe la même chose, avec cette seule particularité, que le tissu connectif est plus serré, plus compact et plus adhérent à la couche épithéliale. Mais, dans le rat, il en est de même, avec cette seule différence que le tissu connectif s'élève de la surface de l'utérus, et produit les franges et les festons des plis de la muqueuse. Cela est si vrai, qu'en débridant le tissu connectif d'un de ces plis, de manière à défaire les plis et les festons, on retrouve identiquement la constitution des parties qui forment la muqueuse utérine chez les animaux auxquels, comme à la femme, on dénie cette membrane. J'ai déjà fait remarquer que dans la couche épithéliale, qui couvre la surface interne de l'utérus non gravide de la lapine, on voit de petites excavations étroites ou follicules glandulaires très-simples.

Voilà les différences anatomiques principales de la structure de la muqueuse utérine, que j'ai pu rencontrer dans les animaux que j'ai examinés, et que j'ai trouvé indiquées par les plus célèbres anatomistes. Mais, au lieu de nier, d'après l'examen de ces faits, son existence chez la femme et chez quelques animaux, pour l'admettre chez d'autres, il me paraît plus logique et plus conforme à la vérité d'affirmer, que la forme de membrane muqueuse la plus simple est représentée chez la femme et chez la jument par une simple couche épithéliale; que sa structure ne change pas essentiellement lorsque la couche connective sous-épithéliale est plus ou moins molle, ou qu'elle s'élève du plan de la surface interne de l'utérus, en formant des plis et des festons; et qu'en outre, la plus grande complication apparente qu'on observe dans cette membrane consiste dans les excavations épithéliales qu'on remarque en quelque cas, maisque celles-ci perdent aussi leur importance apparente, lorsqu'avec toute raison, ainsi que j'ai taché de le démontrer avec Leydig, on considère les grandes doublures de la muqueuse comme des follicules glandulaires colossaux D'où résulte, comme conséquence, la confirmation de l'idée qu'une pellicule *(velamento)* représente la forme la plus simple et la plus fondamentale de la membrane muqueuse qui tapisse la surface interne de l'utérus de tous les mammifères, l'espèce humaine comprise; et que cette forme se modifie, sans changer, dans les apparences differentielles qu'on remarque chez les diverses espèces d'animaux (*Voir l'appendice.)*

Ainsi me semble mieux définie l'opinion un peu vague du

plus grand nombre des anatomistes, qui, tout en admettant une muqueuse dans la cavité utérine, ajoutaient qu'elle était inséparable du tissu cellulo-vasculaire sous-jacent et non perceptible, même avec les puissants moyens d'observation microscopique.

Ce qui, à la rigueur, revient à dire : « elle existe, bien qu'on ne puisse pas la voir. »

La muqueuse utérine comparée par Bischoff avec d'autres muqueuses du corps animal, sous le point de vue physiologique et sous le rapport d'autres fonctions, présente des différences bien plus graves et bien plus profondes, physiologiquement parlant, qui la distinguent de toutes les autres muqueuses. La plus fondamentale de toutes est la transformation merveilleuse qu'elle opère à un endroit déterminé ou sur toute son étendue, pendant la grosesse, pour donner lieu, toujours et en toute circonstance, à la réoformation d'un organe glandulaire transitoire, constituant la partie maternelle du placenta.

Je me bornerai maintenant à éclaircir ce qui arrive, comme j'ai dejà dit, sur toute la surface interne de l'utérus de la jument pendant la gestation, et je commencerai par exposer l'examen de ce fait très-important, lorsqu'il est accompli, c'est-à-dire lorsque la grossesse est arrivée à terme.

La partie que jusqu'à présent j'ai dit avoir une apparence tomenteuse, *la carnaccia rossa* de Ruini, ou la muqueuse tumefiée des modernes avec ses nombreuses excavations, n'est autre chose qu'un organe glandulaire de nouvelle formation, constituant, chez les juments, la portion du placenta maternel. Dans la P. IV, fig. 1, j'ai représenté un follicule entier de cet organe glandulaire sectionné verticalement et en rapport avec les villosités qui elles-mêmes sont aussi en rapport avec le chorion. Dans la P.v, fig. 1, j'ai reproduit une section transverso-oblique du même organe glandulaire pour en faire mieux connaître la structure intime.

Le nouvel organe glandulaire, qui sort du tissu connectif sous-épithélial de toute la surface de l'utérus, est formé par l'aggrégation d'un nombre infini de follicules glandulaires simples dont quelques-uns, seulement, ont un double et même un triple cul-de-sac (P. v, fig. 1. let. *a a*).

Le type de ces follicules paraît être la simplicité, et la bifurcation de la base de quelques-uns d'entr'eux semble provenir de la fusion de deux de ces mêmes follicules qui sont serrés les uns contre les autres. Leur hauteur est celle que j'ai déjà indiquée pour leur aggrégation entière, c'est-à-dire d'un millimètre et demi à deux millimètres. Le diamètre ou canal interne varie selon qu'on le mesure à la base ou à l'orifice, car leur figure est piriforme. A l'extrémité ou au delà de l'orifice, qui ressemble à un petit entonnoir (P. IV, fig. 1, let. *i*), ils mesurent 3 centièm. de millimèt. ; ils en ont 4 ou 5 vers la portion moyenne, et de 8 à 10 à la base.

Le tissu unitif sous-muqueux prolifère et se trouve interposé à chaque follicule, de manière qu'il fournit une paroi à la membrane externe de chacun d'eux. A proximité des glandes utriculaires le tissu connectif prolifère plus abondamment en guise de pyramides interposées (P. v., fig. 1, let. *c,c*), et il accompagne les glandes jusqu'à leur débouché dans la surface interne de l'utérus et précisément au niveau où l'on rencontre les ouvertures des follicules de nouvelle formation. De ces pyramides de tissu connectif interposé, partent autant de cloisons *(sepimenti)* qui vont communiquer avec le tissu connectif qui entoure chaque follicule. Dans le centre (P. v, fig. 1) on voit, coupée transversalement, une de ces pyramides, au milieu de laquelle apparaît un vaisseau veineux (let. *d*), et deux glandes utriculaires coupées aussi en travers (let. *f*, *f*).

Toute la surface interne des follicules de nouvelle formation est recouverte d'un épithélium pavimenteux qu'on distingue mieux dans les sections transversales (P. v, let. *b b b*), que dans les longitudinales (let. *a a*). De l'utérus part un riche réseau vasculaire qui a une disposition tout-à-fait spéciale. De plusieurs troncs (P. IV, fig. 1, let. *i*) partent des troncs plus petits ou anses, affectant la forme d'un pinceau, qui courent entre follicule et follicule, depuis leur base jusqu'à l'extrémité (let. *l l*). Des troncs de ces anses partent ensuite d'autres vaisseaux latéraux (let. *m m*), qui s'anastomosent entr'eux, et vont former le réseau vasculaire serré qui entoure chaque follicule. Réseau tellement épais qu'il n'est pas rare d'en trouver des portions entières dans les incisions transversales de l'organe glandulaire.

Dans la P. v, fig, 1. let. *e e*, les vaisseaux, dont on vient de parler, représentent les vaisseaux utéro-placentaires des animaux qui ont le placenta unique et même ceux de l'espèce humaine.

Chaque villosité du chorion pénètre et remplit un follicule (P. IV, fig. 1, let. *c*). Elle est formée d'une anse vasculaire, ordinairement simple, soutenue par du tissu connectif mou qui lui est fourni par celui du chorion (let. *f*). Toutes les villosités sont entourées par un épithélium (let. *d*), qui se continue avec celui qui recouvre toute la surface externe du chorion (let. *b*), dont la surface plus extérieure peut être considérée comme représentant la caduque chez la jument.

Dans la même figure (let *a*, *a*) on voit le chorion formé de corpuscules de tissu connectif, au milieu desquels passent les vaisseaux (let. *c*) destinés à former le cordon ombilical.

Les glandes utriculaires de l'utérus versent leur humeur entre l'organe glandulaire et la surface externe du chorion, où s'arrête, en abondance, un suc albumineux blanchâtre, résultant d'un mélange de la même humeur avec celle qui est séparée par les follicules de l'organe susdit.

A quelle époque de la gestation commence à se former ce nouvel organe glandulaire, qui représente la portion utérine ou maternelle du placenta de la manière et sous les formes les plus simples, par sa diffusion générale sur toute la surface interne de l'utérus? Je ne puis répondre avec précision. Cependant, il est certain que l'observation faite par les anciens anatomistes, que les villosités choriales n'adhèrent à l'utérus de cet animal que dans les derniers mois de la grossesse, laisse supposer, avec raison, que cette affirmation doit aujourd'hui signifier que l'organe glandulaire se forme tard dans l'utérus.

Je n'ai pu observer qu'une portion d'utérus de jument dans les premiers temps de la gestation. Elle était conservée dans l'alcool depuis plusieurs années, et je n'y ai découvert aucune trace d'organe glandulaire. Par conséquent, il m'est impossible de rien affirmer de probable sur le temps et le mode de formation de ce nouvel organe glandulaire. (1)

J'ai été, par compensation, assez heureux pour pouvoir examiner l'utérus d'une jument tuée 15 ou 20 heures après l'accouchement d'un fœtus à terme. L'organe glandulaire était resté entier dans l'utérus. Il est donc certain que l'accouchement de cet animal n'entraîne pas de lésion traumati-

(1) Voir l'Appendice.

que. Ces villosités du chorion sortent des follicules comme les doigts d'un gant. Cependant l'organe glandulaire, après si peu de temps, avait subi des remarquables modifications. La couleur rouge livide était devenue jaunâtre, le volume avait diminué de moitié, les follicules ne mesuraient plus qu'un millimètre ou un millimètre et demi de hauteur; leur diamètre interne, examiné au microscope, n'avait qu'un centième ou un centième et demi de millimètre de largeur à l'extrémité, et de 4 à 5 centièmes à la base. Le réseau vasculaire entre les follicules n'était plus perceptible.

Il reste aussi à savoir dans combien de temps s'accomplit la destruction de l'organe glandulaire ou placenta maternel; de quelle manière cela se fait, et comment la surface interne de l'utérus se recouvre des couches épithéliales qui l'enveloppent pendant la non gestation. La volonté ne suffit pas pour résoudre ces questions, ni bien d'autres intéressant la période de formation et le mode de disparition de cet organe glandulaire ou portion maternelle du placenta que j'ai décrite, chez cet animal trop couteux.

Maintenant que j'ai indiqué la partie la plus importante du fait, j'aime à croire que d'autres, plus heureux, rencontreront des occasions favorables pour en observer toutes les particularités.

# IV

# DE L'ORGANE GLANDULAIRE

ou

# PLACENTA MATERNEL

**chez les animaux à placentas multiples,**

**comme chez les ruminants;**

**ou**

# DES COTYLÉDONS UTÉRINS

**chez les mêmes animaux.**

---

Dans l'analyse des connaissances anatomiques que les anciens nous ont transmies sur les animaux à placenta villeux ou diffus, nous avons vu qu'ils avaient indiqué ou aperçu la vérité, mais que dans le cours des siècles on l'avait oubliée pour suivre des doctrines erronées. Relativement aux cotylédons ou placentas multiples nous verrons commettre d'abords des erreurs, que des observateurs corrigèrent bientôt, sans toutefois découvrir la vérité toute entière.

On prétend que Dioclès a décrit les cotylédons utérins même chez les femmes; et que Hippocrate en a parlé dans ses aphorismes sous la dénomination *d'Acetabula uteri* (1), erreur qui fut relevée par Galien.

Aristote corrigea l'erreur de Dioclès, en affirmant, que : « dentata animalia cotyledones habent », et que « utrinque » dentata non habent cotyledones » (2). Notre concitoyen Aldrovandi fut le premier à donner une figure (3) des cotylédons de la vache, qui n'est vraiement pas belle. Par contre les figures produites par Hobokenius (4) et spécialement celles de la P. xiv et xv sont très-belles.

Fabrice d'Acquapendente (5) et Marc Aurèle Severin (6) furent des premiers à remarquer les différences de volume qu'ont les cotylédons utérins dans l'utérus gravide et non gravide, particulièrement chez les brebis et les vaches.

« In non gravidis, écrivait Severin, quidem similes grano » tritici, in gravidis vero corporis raritate foraminulenta « similes hæ cotyledones sunt spongiæ candidæ ».

Aristote, bien avant eux, avait même indiqué leur augmentation dans la grossesse, et après l'accouchement « minora » redduntur, demumque obliterantur (7) ».

(1) Quæcumque mediocriter corpora habentes abortiunt, secundo aut tertio mense sine occasione manifesta : his « acetabula uteri » plena mucoris sunt, et non possunt ex pondere fœtum continere, sed disrumpuntur. Aphor : Sect : V. XLV. — Plusieurs commentateurs ont affirmé, que Hyppocrate, d'après Proxagoras, avait appelé cotylédons les orifices vasculaires ouverts dans la cavité de l'utérus.

(2) Aristoteles. Historia animalium. Cap. v.

(3) Aldrovandi Ulis. Qudrup. Bisulc. Historia. Bononiæ, 1621.

(4) Hobokeni Nicolai. Secundinæ Vitulinæ Anatomia. Ultrajecti, 1672.

(5) De Format. Fœt. Pat. 1604.

(6) Zooomia Democritea. Norimbergæ 1645.

(7) De generatione animalium. Caput v

Needham avait ajouté que les caroncules du chorion, au commencement de la gestation, se détachent difficilement des glandes (cotylédon utérin) ; mais, qu'avec le développement du fœtus, elles se détachent facilement, comme par maturité, « et sponte cum fœtu abeunt (1). » Puis il reprit : » Glandulæ vero ipsæ in utero relictæ paulatim decrescunt ».

Hobokenius aussi, appela les cotylédons utérins du nom de glandes ; mais il décrit mieux que les autres (2), et le premier, je crois, sous la dénomination de ligament des glandes utérines, le pédicule des cotylédons dans l'utérus gravide. Il décrivit aussi et dessina, avec beaucoup d'exactitnde, les vaisseaux utérins qui vont du dit ligament aux glandes ou cotylédons de l'utérus.

A ces connaissances des anciens Malpighi (3) n'ajouta rien; les modernes très peu. On enseigne généralement que les cotylédons utérins sont des appendices de la muqueuse des ruminants; qu'on les aperçoit à l'état rudimentaire même dans la matrice des fœtus; qu'ils aquièrent quelque développement après la naissance, s'ypertrophisent dans la gestation et persistent pendant toute la vie des animaux.

En parlant des glandes utriculraires de l'utérus j'ai dit que le professeur Spiegelberg avait indiqué, bien à tort, comme nous allons le voir, que les cotylédons utérins n'étaient que

(1) Disquisitio anatomica de Format. Fœt. Londini, 1667. pag. 184.

(2) Anatomia secundinæ vitulinæ. Ultrajecti. 1672. pag. 143.

(3) Observantur quoque quamplurimi in tota uteri et cornuum interiori superficie tumores inæqualis magnitudinis parum assurgentes, qui graviditatis tempore nsigniter surgent et uteri appendices videntur seu vaginularum congeries, unde cotyledonum nomine insignuntur. Admittunt autem erumpente a chorio subintrautes radices ita, ut ex his duabus insitis partibus completa habeatur glandula, qua separatum ab utero alimentum fœtui subministratur. Opera omnia. Epist. ad Sponium. Londini, 1667. pag 22.

des expansions ou des dilatations de ces mêmes glandes.

Un illustre anatomiste italien, le professeur Panizza, dans son dernier travail livré à la publicité (1), a rappelé, à propos des cotylédons, que les élévations mamillaires visibles dans l'utérus de la génisse ne sont que les rudiments des futurs cotylédons maternels, et il s'est occupé des différences qu'ils présentent relativement à leur développement et à leur grandeur, selon l'âge, l'état de gestation ou de non gestation, et de la place qu'ils occupent. Il a accepté la comparaison des anciens, en rapprochant les cotylédons utérins de la spongiole ou morelle esculente, et en a décrit la tige étroite ou pédoncule, que Hobokenius avait indiqué sous le non de ligament.

Panizza dit qu'il est applati, formé par la muqueuse utérine, doué de vaisseaux de toute espèce et de nerfs appartenant au cotylédon, et que les alvéoles de ce dernier, plus ou moins grandes et profondes, se subdivisent en alvéoles secondaires. Avant tout autre, cet illustre anatomiste a abordé la question du développement des cotylédons dans la grossesse. Et s'il laisse peut-être beaucoup à désirer à ce propos, — surtout après que j'aurai démontré que la portion du cotylédon maternel n'est pas tant la production d'une hypertrophie des cotylédons préexistants, qu'une véritable néoformation d'un organe glandulaire à l'endroit correspondant aux tuméfactions mamillaires de l'utérus gravide ; — je suis cependant heureux de rapporter ses paroles mêmes, parce-qu'elles marquent la date de ces nouvelles et intéressantes recherches, qui devront encore s'étendre à la notion

(1) Sopra l'utero gravido di alcuni mammiferi. Milano, [illegible], pag. [illegible] et 13.

de la perte de cet organe, après l'accouchement.

Voici ce que Panizza a écrit (1) :

« En suivant les premiers temps de la gestation de la va-
» che, on arrive à découvrir comment se développent les co-
» tylédons maternels et fœtaux. Dans l'utérus de la vache,
» examiné du 10$^{me}$ au 30$^{me}$ jour de la fécondation, on aper-
» çoit la membrane externe de l'enveloppe du fœtus, le
» chorion, en simple contact avec la surface interne de l'u-
» térus, et, aux endroits seulement qui correspondent aux
» futurs cotylédons maternels. Le chorion devient plus opa-
» que et parsemé de petites élévations ou points blancs,
» mous, plus ou moins élevés, selon l'âge de l'embryon.
» Observés à la loupe ces points apparaissent plus ou moins
» allongés et transparents. Ils sont les rudiments des coty-
» lédons du fœtus, simplement appuyés aux parties utérines
» qui correspondent aux rudiments des cotylédons de la
» mère. Dès qu'on a reconnu que les cotylédons maternels
» ne sont autre chose que des expansions très-molles de la
» muqueuse et de ses petits vaisseaux correspondants ; dès
» qu'on a appris que les cotylédons fœtaux sont des saillies
» vasculaires de la membrane vitelline ou chorion du fœtus,
» on comprend comment, par la suite, avec le développe-
» ment de ces deux parties, le cotylédon maternel doit se
» présenter entièrement alvéolaire. »

Quant aux différences des cotylédons dans les diverses espèces des ruminants, les anciens nous ont légué bien peu d'observations et toutes bien incomplètes : nous les avons purement et simplement conservées. Pour ce qui est de leur forme, Fabrice avait dit ce que les modernes répètent avec

(1) Op. cit. pag. 13

Needham : « (1) Ovis et capra, per omnia vaccæ similis » est ; præterquam quod glandes quæ illic covenxæ sunt, » hic concavæ apparent et cotylæ sive acetabuli momen » sensu maxime propio ferunt ».

Nous disons aujourd'hui, avec Harvey, que les cotylédons de la biche se rapprochant dans la forme de ceux de la vache et qu'ils sont aussi beaucoup plus petits et moins nombreux : nous ajoutons qu'il n'en a compté que cinq dans la biche et plus de quatre-vingts dans la vache.

Tout cela est peu de chose, et on en sera convaincu en comparant un utérus de brebis avec celui d'une vache : les différences ne se bornent pas à la forme de la portion utérine, concave chez les uns et convexe chez les autres. Mais je m'occuperai de ces diversités en d'autres occasions. Il me reste encore trop à dire pour terminer le travail que je me suis proposé.

Quant aux fonctions cotylédonaires, on a toujours dit que les cotylédons élaborent l'aliment du fœtus des ruminants, mais les anciens pas plus que les modernes ne se sont jamais trouvés d'accord sur la manière dont s'exécute ce fait important.

Aristote (2) prétendit que dans les cotylédons : « veluti » mamma reponitur a natura fœtui alimentum sanguineum ».

Fabrice (3) admettait la communication directe des vaisseaux maternels avec ceux du fœtus dans les cotylédons. Et il en vit un argument confirmatif dans les quelques cellules pigmentées en noir, qu'on observe souvent dans quel-

(1) Needham. Op. cit. pag. 185 et 188.

(2) Op. cit : loc. cit.

(3) Op. cit. pag. 39.

ques-uns des cotylédons des brebis : « plurimis atrisque » punctis, quæ ab ruptura orificia venarum sunt ».

G. Harvey (1) s'est érigé en champion de la doctrine opposée :

« In cotyledones alimentum fœtui reconditur non quidem » sanguineum, ut Fabricius voluit, sed mucosum, ovique » albumen crassius plane referens. Unde etiam manifestum » est bisulcorum fœtus, ut alios omnes sanguine materno » non ali ».

Needham (2) a été encore plus explicite que Harvey :

« Per molem carneam filtratur succus nutritius in placen- » tiferis omnibus et in glanduliferis, sive ruminantibus. In » ruminantibus hoc peculiare obtingit, quod succus, prius » quam caruncuIas carneas chorio accrescentes ingreditur, » in glandulosa corpora extuberat, quæ loculamentis qui- » busdam, quasi favorum alveolis ubique terebrata, surculos » et digitulos a placentibus chorii exporrectos recipiunt, » iisdemque se mulgeri sinunt ».

Enfin, pour ne pas citer plus de noms, je noterai seulement que Haller (3) formula cette sentence catégorique :

« In ruminantibus manifestum fit, matrem inter et fœtum, » non sanguinis, sec lactis esse commercium ».

Les anciens aussi avaient donné aux cotylédons le nom de mamelles utérines ; et plusieurs d'entr'eux, avant Haller, avaient employé la dénomination de lait utérin, pour désigner l'humeur qu'on rencontre dans les cotylédons.

En parlant de la nature de cette humeur, qu'il appelle al-

(1) Exercitationes de generatione animalium. Patavii, 1656., pag. 579.

(2) Op. cit., pag. 25.

(3) Elementa Physiologiæ. Bernæ, 1766, T. VIII. pag. 296.

bumen muqueux, Harvey dit, qu'elle était aussi connue de Galien (1). Vésale la déclara muqueuse. Malpighi (2) démontra que la cuisson lui donnait les caractères de l'albumen soumis à la chaleur. Avec Needham, la généralité se contenta de l'appeler lait utérin, et de la qualifier une humeur semblable au lait. Vieussens dit que c'est du vrai lait (3).

Parmi les modernes Duverney (4) et Eschricht pensèrent que la portion utérine des cotylédons est une glande véritable, et que son humeur, absorbée par les villosités choriales, sert de nutrition au fœtus. Ici il ne faut pas oublier une comparaison de Harvey sur le mode de nutrition des fœtus des ruminants dans leurs diverses périodes de vie intrautérine et extrautérine :

« Idque manifestum est, quod de cotyledonibus in cerva-
« rum aliorumque bisulcorum caruncul̲is supra dicimus :
« nempe carneam molem in iis animalibus spongiosam esse,
» et, favi instar, infinitis pene acetabulis constare, eamdem-
» que mucoso albumine repleri, atque inde vasorum umbili-
» calium fines nutrimentum haurire, quod in fœtum transfe-
» runt : quemadmodum in jam natis anima libus venarum
» mesentericarum ramuli, per intestinorum tunicas diffusi,
» ex illis chylum absorbent. (5). »

Revenant à la qualité ou composition chimique de l'humeur qu'on tronve dans les cotylédons, je dirai que Prévost et Morin furent les premiers à en faire l'analyse, et ils y trou-

(1) O p. cit. pag. 574.

(2) Opera Posthuma, pag. 162

(3) Nov. Vas. Syst. pag. 41.

(4) Œuvres anatomiques T. I. pag. 538

(5) Op. cit. pag. 574.

vèrent de l'albumen, de la fibrine, de la caséine, une substance gélatineuse, une matière colorante rouge, de l'osmazome, de la graisse et des sels.

Schlossberger, de Tubingue, examina, en 1855, le lait utérin des ruminants, et il trouva que cette humeur a la consistance de la crême et parait composée, sous le microscope, de noyaux libres, de gouttes de graisse et de cellules épithéliales ; il possède une réaction légèrement acide et il contient de l'albumen et des sels, mais point de sucre.

Le docteur A. Gangee (1) a trouvé que la réaction du liquide était alcaline, et n'a obtenu la réaction acide qu'au commencement de sa décomposition. Il y a constaté la présence de l'eau, de l'albumen, des albuminés alcalins, de la graisse et de sels inorganiques (2).

Spiegelberg de Fribourg aussi (3), comme Gangee, n'y a trouvé ni sucre, ni caséine, et il ne croit pas convenable de donner à cette humeur la dénomination de lait utérin.

Comme fait, qui pourrait avoir une importance pour expliquer la diversité de ces résultats, il faudra se rappeler que Bernard (4), dès 1855, rencontrait le sucre dans les muscles

(1) Edinburgh Veterinary Review. Edinburgh, 1864. N° 46.

(2) Voici les résultats des analyses chimiques de

| Prévost et Morin, sur 100 parties d'humeur des cotylédons de la vache : | |
|---|---|
| Eau | 86 837 |
| Parties solides | 13 163 |
| Albumen et subs. fibrineuse | 11 028 |
| Matière gélatineuse | 0 546 |
| Osmazome | 0 714 |
| Graisse | 0 750 |
| Traces de sels | » |

| Gangee, sur 1,000 parties de liquide chez la vache. Réaction alcaline. Poids spécifique 1,033. Fahr. 60° | |
|---|---|
| Eau | 879 10 |
| Parties solides | 120 90 |
| Albumen | 104 00 |
| Albuminés alcalins | 1 60 |
| Graisse | 12 33 |
| Sels inorganiques | 3 74 |

(3) Zeitschrift für rationnelle Medizin von Henle und Pfeufer. 1864, B. 21.

(4) Leçons de Physiologie expérimentale appliquées à la médecine.

et les poumons pendant les premières périodes de la vie intrautérine des brebis, des chiens, des lapins et même du fœtus humain ; et cela avant de le trouver dans le foie de ces animaux. Il en a aussi constaté la présence dans le liquide de l'allantoïde, de l'amnios et de la vessie urinaire Il prétend que le sucre disparaît de ces liquides comme des tissus des fœtus au fur et à mesure que s'établit, selon lui, la fonction glycogénique du foie.

Trois ans après, il affirmait avoir inutilement recherché, pendant plusieurs années, la matière glycogénique dans les cotylédons des brebis et des vaches, pendant les différentes périodes de leur vie. En même temps il crut pouvoir démontrer, que si, chez les animaux à placenta unique, on rencontre, mêlées ensemble, les parties vasculaires et glandulaires qui secrétent, à son avis, le sucre, ces mêmes parties se développent séparément sur des membranes distinctes chez les ruminants, c'est-à-dire, la vasculaire sur le chorion et la glandulaire sur la face interne de l'amnios.

L'organe glandulaire, ou cellules glandulaires ou glycogéniques, serait formé, d'après lui, par les plaques blanchâtres qu'on rencontre, pendant les premiers mois de la grossesse, sur la face interne de l'amnios, et dont, ceux-là mêmes qui les avaient connues avant lui, ignoraient la signification physiologique (1).

Ce sujet attend de la chimie une longue série de travaux qui interprètent les faits d'une manière sûre. et éclairent complètement la question ardue de la nutrition du fœtus. Cependant je me contenterai de dire qu'en traitant, soit par l'acide nitrique, soit par l'ébullition, l'humeur laiteuse des

(1) Mémoire sur une nouvelle fonction du Placenta. Paris 1858. Annal. des Sci. Nat. 4 Sér. Zoologie. t. x. pag. 119.

cotylédons qui lubrifiait la surface utérine interne d'une jument à terme, je reconnus la présence de l'albumine ; en la traitant par la teinture d'iode et l'addition d'une goutte d'acide sulfurique, j'obtins la réaction caractéristique de l'amidon. Dans un cas, comme dans l'autre, en employant l'iode seul, on produisait le trouble particulier à la dextrine ; enfin par la solution de nitrate d'argent, on vit des traces de l'existence du chlorure de sodium.

En parlant de la structure des cotylédons et de l'humeur qu'ils secrètent, je dois dire aussi que, dans les derniers temps, Colin (1) a affirmé, que la prétendue humeur qu'ils renferment n'était que le produit d'une illusion, c'est-à-dire l'effet de la décomposition cadavérique. Malgré les assurances de Colin, l'observation est trop facile à faire et elle est aussi palpable, qu'elle a été appuyée par tout le monde et n'a été contredite par personne.

Les opinions qui divisaient les anciens sur les fonctions des cotylédons se réduisent donc à deux. Ce sont les mêmes qui règnent encore aujourd'hui, modifiées et pliées, pour ainsi dire, au langage imposé par les progrès de l'anatomie et de la physiologie. Les deux chefs d'école de l'antiquité sont : Fabrice, qui admettait la communication directe des vaisseaux maternels avec ceux du fœtus dans les cotylédons; et Harvey qui soutenait que l'humeur sécrétée par les cotylédons était absorbée par les villosités du placenta fœtal.

Avec les partisans de Fabrice on peut, à présent, compter tous ceux, et ils forment le plus grand nombre, qui croient que le fœtus se nourrit dans l'utérus, à l'aide d'un échange de matériaux, dans les cotylédons, entre les vais-

(1) Op. cit. T. II, pag. 600.

seaux maternels et les fœtaux. Au nombre des partisans d'Harvey, on peut ranger tous ceux qui admettent, au moins pour les ruminants, l'absorption des humeurs séparées par les cotylédons de la mère. A cette dernière opinion se rallient tous ceux qui pensent que l'humeur, séparée par les glandes utérines, sert à la nutrition du fœtus, et que les cotylédons ne sont autre chose que les dilatations ou expansions de la muqueuse ou d'une portion des glandes. Cette opinion a été embrassée par Spiegelberg et indiquée par moi, en parlant des glandes utriculaires chez les ruminants.

Un enseignement des anciens anatomistes sur les cotylédons maternels des ruminants est arrivé jusqu'à nous sans modifications, malgré toutes celles, qu'on a apportées dans la description du fait. Le fait est que dans la matrice des ruminants, même à l'âge fœtal, on trouve les rudiments des cotylédons qui augmentent dans la vie extrautérine, et se développent grandement pendant la grossesse, pour décroître, en restant toujours dans l'utérus, après l'accouchement.

Cet enseignement n'a pas été non plus modifié essentiellement par ceux des modernes, qu'au lieu d'attribuer le développement des cotylédons, pendant la gestation, à une ampliation de la muqueuse, l'attribuèrent à une dilatation d'une partie des glandes utriculaires. Personne ne soupçonna que ce développement dépendait de la néoformation d'un organe glandulaire, qui diffère de celui que j'ai dit se développer dans l'utérus de la jument, en cela seul que, chez cet animal, la néoformation a lieu sur toute la surface utérine sous les formes les plus simples, et non sur quelques points circonscrits, avec une structure plus compliquée, comme chez les ruminants.

Avant de faire sur l'utérus de la jument cette importante observation qui m'ouvrit la voie aux investigations dont je parle, je perdis inutilement plusieurs mois dans la comparaison de la structure des cotylédons maternels de l'utérus gravide et non gravide des vaches. J'avais, pour patient collaborateur, dans ces infructueuses recherches, l'excellent et jeune docteur Severi ; mais nous ne pûmes jamais surprendre un seul indice, même vague, de la probabilité, si non de l'exactitude, de la doctrine soutenue par Spiegelberg (1).

En parlant des glandes utérines, j'ai indiqué, qu'à l'aide d'incisions transversales des cotylédons de l'utérus non gravide, je m'étais assuré qu'en outre des glandes utriculaires, on y voyait de très-nombreuses agglomérations de minces follicules (P. v., fig. 2). J'étais très-loin de soupçonner la néoformation d'un organe glandulaire spécial dans la matrice de tous les mammifères, quelle que fût la forme du placenta ; et l'observation ne me permettait pas d'admettre la dilatation, ni l'expansion des glandes utriculaires dans la formation des cotylédons de l'utérus gravide. Je cherchais donc la solution du problème dans ces minces follicules que je supposais devoir s'hypertrophier durant la gestation, et demeurer atrophiés pendant la période de vacuité.

Lorsque je parlerai de la formation du placenta chez les animaux qui l'ont unique, et que je décrirai ce que jai vu arriver dans les petits follicules de la muqueuse utérine des lapins, on verra qu'il aurait été permis de supposer que le même fait pouvait se produire, avec quelques modifications,

(1) Voir la première partie du Mémoire sur les glandes utérines.

sur la muqueuse des cotylédons, pour former leur partie glandulaire. Je préfère pourtant rester dans le doute jusqu'à ce que les faits aient parlé nettement, d'autant plus que quelques observations semblent contredire ce mode de formation de la partie glandulaire ou maternelle du placenta des ruminants.

En sectionnant verticalement les cotylédons d'un utérus gravide et ses parois, on observe trois parties distinctes : 1° les parois de l'utérus ; 2° un pli de la muqueuse retréci à sa base, s'élargissant vers la sommité, d'où s'élèvent des compartiments *(sepimenti)* pyramidaux de substance connective, qui vont former la 3^me^ partie, ou portion supérieure des cotylédons. Le pli de la muqueuse constitue ce qu'on appelle aujourd'hui pédicule du cotylédon, ou ligament de Hobokenius, par lequel les vaisseaux se portent à la 3^e^ et dernière partie, c'est-à-dire à la portion glandulaire du cotylédon des anatomistes anciens et modernes.

Le pédicule représente la partie ancienne ou permanente du cotylédon utérin de la vache. Je ne parle pas des différences qu'on observe à cet égard chez la brebis. La 3^me^ portion supérieure, plus remarquable, représente l'organe glandulaire de nouvelle formation qui reste dans l'utérus après l'accouchement, et qui disparaît après, comme nous avons vu arriver à l'organe glandulaire utérin des juments. Reste à démontrer si, dans l'un et l'autre cas, cette complète disparition est l'effet d'une simple atrophie progressive, ou si, dans les vaches, la portion glandulaire des cotylédons se détruit par dégénérescence graisseuse, comme il arrive à la muqueuse utérine, à l'endroit oú se forma le placenta unique des carnivores. Cependant, des faits décrits plus haut, il résulte évidemment et clairement que : par suite de la grossesse, la surface convexe de l'ancien cotylédon a perdu la forme et la structure anatomique qu'elle avait. Elle n'est plus unie et légèrement convexe ; car de toute sa surface se sont élevés de longues et minces pyramides qui, dans les sections, apparaissent presque digitées et sont formées, en grande partie, de tissu connectif de nouvelle formation (P. vi., lett. *d. d*), et de vaisseaux qui sont un prolongement des vaisseaux utérins (P. vi., lett. *f, f*). Donc, par suite de la grossesse, dans la portion fixe et permanente des cotylédons a lieu une néoformation de tissu connectif que nous verrons être le stroma du nouvel organe glandulaire. Il se reproduit en somme, et d'une manière plus complète et plus complexe, ce que nous avons vu se faire normalement dans la muqueuse utérine de quelques mammifères, chez lesquels, à l'état d'utérus non gravide, cette membrane se soulève en grands replis en guise de festons.

L'examen du pédicule par sections transversales ou longitudinales laisse voir les vaisseaux fort grossis qui se distribuent, en forme de réseau serré, aux appendices de tissu connectif, qui séparent la partie nouvelle ou glandulaire du cotylédon en différentes portions. Les glandes utriculaires et les follicules ont aussi acquis un plus grands diamètre ; seulement ils sont plus difficiles à apercevoir à proximité de la base de l'organe glandulaire et si l'on y réussit ils ont perdu la forme ronde dans leur diamètre transversal, et ils ont acquis la forme elliptique ou même celle de fentes, où l'on ne distingue plus, à cause de leur transparence actuelle, l'élément épithélial interne.

Dans les follicules glandulaires j'ai pu voir plus facilement quelques fois l'épithélium interne changé en globules granuleux très-diaphanes. (P. vi., fig. 1., lett. *m, m*).

Pour ce qui regarde la structure du nouvel organe glandulaire, les anatomistes, tant anciens que modernes, se contentèrent d'affirmer qu'elle présentait extérieurement plusieurs ouvertures ou parties, qui la faisaient comparer par Malpighi au champignon appelé vulgairement chez nous *sponzuola*. Panizza a remarqué, avec un peu plus de précision, que ces cavités extérieures se subdivisent à l'intérieur en plusieurs alvéoles secondaires. Il est difficile de se faire, au premier coup d'œil, une idée exacte de la véritable disposition anatomique interne de l'organe glandulaire. J'ai taché de la montrer schématiquement dans la fig. 2. de la P. I, et j'espère qu'en la comparant avec la fig. 1. de la P. VI, qui représente au naturel, et à 250 diamètres, une portion de l'organe glandulaire d'une vache gravide, au troisième mois de la gestation, on pourra avoir une image précise de la disposition de cet organe.

J'ai dit plus haut que de la surface du cotylédon utérin on voit se soulever, dans les coupes verticales, des colonnes ou pyramides du tissu connectif (P. VI., fig. 1, let. *d*, *d*). Elles forment les parois de calices correspondants un peu irréguliers, réunis et serrés entre eux, qui s'ouvrent à l'extérieur par des pertuis ou fentes diverses de forme et d'extension, pour donner passage aux villosités choriales. Sur la surface interne de ces calices se distribuent, en très-grand nombre, des lamelles de tissu connectif, qui forment des tubes s'ouvrant dans la cavité. Ces tubes, ouverts intérieurement et à leur orifice commun d'un épithélium pavimenteux, constituent des utricules glandulaires qui ne sont plus verticaux à la muqueuse utérine, comme dans la jument, mais placés le long de son axe transversal. Ils ne sont pas non plus simples comme dans le premier cas, mais superposés les uns aux autres. La forme des calices à base étroite et à ouverture supérieure assez large, rend impossibles les incisions verticales continuées sur un certain nombre de ces utricules, tels qu'ils sont représentés dans la figure schématique. Ils restent effectivement coupés en tous sens (P. vi., fig. 1, lett. *b*, *b*, *b*. *c*, *c*). Au premier coup d'œil on ne voit qu'une quantité de pertuis sans ordre, puis en fixant son attention même sur ces coupes (lett. *b*, *b*, *b*.) on voit paraître, dans certains endroits, les follicules glandulaires, et, dans leur cavité, les villosités choriales coupées (lett. *a*, *a*. *c*, *c*). Après cela il reste à étudier, le mode de formation de l'organe glandulaire ou de la le portion du cotylédon qui se développe pendant la grossesse, et les métamorphoses rétrogrades par lesquelles le même organe disparaît après l'accouchement. Les matériaux nécessaires à ces observations m'ont complètement manqué.

Panizza, comme je l'ai dit, avait indiqué comment se développent les villosités choriales, ou cotylédons du fœtus, aux endroits correspondant aux cotylédons utérins, sans énoncer rien de précis sur cette dernière observation. Or je dois noter un fait que j'ai observé relativement aux cotylédons fœtaux.

Je ne doute point de l'affirmation de Panizza ; cependant l'examen du chorion des vaches, au troisième mois de la gestation, ou peu avant, dépouillé de l'enveloppe cellulaire de sa surface externe qui constitue la caduque, et soumis ensuite aux moyens ordinaires d'imbibition, me permit de constater facilement que le mode de formation des cotylédons du fœtus se prépare largement sur toute la surface externe du chorion et qu'ils se développent, en proportions remarquables, aux endroits seulement qui correspondent avec les cotylédons utérins. Là où ils n'existent pas, le mode de formation des cotylédons fœtaux avorte pour ainsi dire, et, à l'aide du microscope, il ne se manifeste que par certaines petites élévations, à large parcours serpigineux, formées de cellules de tissu fibreux, qui s'appuient sur un réseau de gros corpuscules de tissu connectif, à prolongements courts et larges. Sur leurs parois on observe quelques noyaux. Cela forme une maille étendue et élégante qui a perdu le caractère des corpuscules du tissu connectif, sans avoir acquis celui d'un véritable réseau vasculaire.

La pauvreté des moyens dont je puis disposer et les grandes difficultés qu'on rencontre dans ce genre de recherches sur des animaux si couteux, m'ont forcé de négliger complètement quelques autres faits que j'aurais bien aimé à éclaircir. Si dans l'avenir les occasions favorables doivent me manquer toujours, je souhaite qu'elles s'offrent à d'autres et qu'on les saisisse, pour combler les lacunes que je suis forcé de laisser, malgré moi, dans ce travail.

# V

# DE L'ORGANE GLANDULAIRE,

## ou

## portion maternelle du placenta,

## chez les animaux à placenta unique.

---

La partie de l'œuf qui se met en contact avec l'utérus de la mère a reçu, pour l'espèce humaine, la dénomination de placenta par Realdo Colombo (1). Acceptée par les modernes, cette dénomination a été étendue à tous les mammifères quelle que fut sa forme, en distinguant, d'après celle-ci, les placentas en disséminés ou diffus, en multiples et en uniques.

Ayant déjà parlé des placentas multiples et des diffus ou villeux, je vais m'occuper maintenant des placentas uniques, dont la structure et la fonction ont donné lieu à des divergences d'opinion qui durent encore. — Je ne m'oc-

1 Realdi Columbi de Re Anatomica. Venetiis, 1559. Lib. XII. pag. 248. — Vesale, avant lui, l'avait appelé chair urbiculaire, et il a été le premier à donner un nom spécial à cette partie des enveloppes fœtales. En général on croit même aujourd'hui que la dénomination de Placenta est dûe à Fallope, parce que dans ses « Observationes anatomicœ » il a écrit : « Carnem quæ placenta a me dicitur »; cependant Noortwyck a très-bien remarqué dans son livre : Uter. human. Fab. et Hist Lug. Bat. 1743. pag. 116, que les observations de Falloqe ne furent publiées qu'en 1561 et par conséquent deux ans après la publication de l'Anatomie de R. Colombo.

cuperai certainement pas de ses nombreuses et différentes appréciations; je m'arrêterai simplement à celles qui sont en rapport direct avec les nouvelles observations que je présenterai, parce que je crois que les observations, même imparfaites, et les erreurs des prédécesseurs, dans un ordre déterminé d'idées, sont d'une grande utilité pour se former un jugement exact sur les recherches nouvelles.

Dans ces études historiques, à propos du placenta unique, le point qui me semble le plus important à éclaircir et même à rendre incontestable, est la question de savoir, si le placenta est une partie appartenant en entier au fœtus, ou s'il se distingue en deux parties appartenant, l'une à lui et l'autre à la mère.

Harvey (1) avait précisément dit : « Placentam partem » esse fœtus non matris ». Cette formule catégorique, adoptée par plusieurs auteurs, paraissait ne devoir plus l'être, après que Hunter (2) eut si clairement démontré l'existence des vaisseaux qui vont de l'utérus au placenta, nommés par lui utéro-placentaires. Ensuite on a nié à tort l'existence de ces vaisseaux, et bon nombre d'observateurs modernes (3) n'ont cru qu'à une simple superposition des deux organes. Et, au lieu de considérer la caduque comme un moyen d'union, ils lui ont attribué les caractères d'un tissu inorganique, tenu et délicat, destiné à maintenir les deux organes séparés.

L'idée du placenta distinct en deux parties, la maternelle

(1) Op cit. pag. 290.

(2) The anatomy of the human gravid uterus. London, 1794.

(3) Lee, Philos. Transact. 1832. pag. 51. — Velpeau, Embry. ou Ovolog. humaine. Bruxelles 1834. pag. 63. — Radford, On the structure of the human plecente. Manchester 1832. — Seiler, Die Gebarmutter und das Ei des Menschen 1832. pag. 31. — Ramsbotham, Millard et Noble. London. Medic. Gazzet. 1834 et 1835.

et la fœtale, est ancienne, et, pour quelques animaux au moins, elles appartient à Fabrice (1) qui déclara que chez les cochons d'Inde le placenta est double. La distinction cependant des deux parties du placenta est généralement accordée à Wharton (2) :

« Etenim ipsa placenta duplex est. Altera ejus medietas » partinet ad uterum, altera ad chorion. Atque hæ medie- » tates inter se apte committuntur, seu potius inoculantur. » Constat enim ex inæquali superficie : nimirum alveolis et » protuberantiis sibi mutuo apte respondentibus : ita ut » alveolis unius medietatis protuberantiam alterius in se » excipiat et undique amplectantur ».

La doctrine attribuée à Warton fut bientôt combattue, et Needham, (3), après avoir résumé le passage que j'ai cité, ajoute :

» Hæc sententia ad literam vera est, si de ruminantibus » sermo sit quibus omnibus uteri intima membrana statim a » conceptu in tales glandulas exsurgit, fœturæ preludat. » At vero placentulæ a parte matris respondentes in solis » glanduliferis (c'est-à-dire, les ruminants) occurrunt ».

Malgré cela, Needham lui-même qui soutenait que le placenta est simple, *et soli chorio propria*, tant chez les carnivores que chez la femme, en examinant comparativement l'utérus gravide des différents animaux, répétait sur les rongeurs une observation analogue à celle que Fabrice avait faite pour les cochons d'Inde et il écrivait :

(1) At in porculis indicis privatim, duplex carnea moles, altera alteri superposita observatur. Op. cit. pag. 39.

(2) Adenographia sive glandularum totius corporis descriptio. Amstelodami 1659. pag. 218.

(3) Op. cit. pag. 26.

» In cuniculo placentæ binæ sunt, neutra tamen uter » dicenda est, utpote quæ chorio in partu comitantur cum » eadem exeunt. Adeo ut hæc animalia inter placentifera et » glandifera media videantur ; » et peu après. en parlant toujours du placenta des lapins (1) : « Singulis nempe fœtibus, » singulas placentas impertit hoc animal, quæ tamen utero » mediante glanduloso corpore agglutinantur ».

Ce même fait était consigné par Graaf (2), bien qu'opposé par lui à la doctrine de Wharton » :

» In cuniculis vero et leporibus et quibusdam aliis » animalibus ea parte, qua chorio annectitur, rubet ; altera » vero, qua cum utero copulatur, albicat, et utraque cum » fœtu simul excluditur, sic ut illa non magis quam altera » ad uterum pertinere videatur ».

Notre Malpighi, plus clairement que les autres, ne décrivait pas, mais devinait les deux parties du placenta, et il assignait à chacune une fonction différente ; d'après lui le placenta » : Est glandula conglobata sui generis, in qua portio » uteri, propria carne donata, receptum ab uterinis arteriis » sucum percolat, qui separatus in sinuosis cavitatibus re- » colligitur, donec sensim fistulosas altérius glandulæ parti » radiculas subeat, et venarum surculis excipiatur. (3.) ».

Les observations particulières et les doctrines de Fabrice, de Needham, de Graaf et de Malphigi furent vite oubliées et même démenties.

Haller, par exemple, après avoir dit que « cuniculi pla- » centa ad humanam accedit, (4) » , ajouta à la page 243 :

(1) Op. cit. p. 27 et 189.

(2) Opera omnia. Lugd. 1678, p. 207.

(3) Opera omnia. Londini. p. 25.

(4) Element. Physiol. Bernae, 1766. T. VIII, p. 224.

» In cuniculo, placenta humanæ similis sanguini plenissima » tuberculis suis ad similia tubercula uteri adherescit » ; et sur la structure glandulaire il affirma qu'il n'y avait pas trace de glandes dans le placenta (1).

Soixante ans après, Velpeau (2) constata que personne ne croyait plus à la présence de parties glandulaires dans l'organe.

Il ne fallut cependant pas bien longtemps pour que l'idée que Malpighi s'était formée du placenta fût remise au jour par les observations de Baer (3) et de Sharpey et de tous ceux qui crurent que, chez quelques animaux au moins, les glandes utriculaires de l'utérus entraient dans la structure du placenta. Ils voilèrent pour ainsi dire, en même temps, cette idée fondamentale, en imaginant que les dernières ramifications des vaisseaux fœtaux des villosités du chorion se mettaient en contact avec les réseaux vasculaires qui enveloppent les glandes utérines, et que, par le grand amincissement de leur parois, l'échange des matériaux, entre le

(1) Ut nullæ veri nominis glandulæ in placenta sint. Op. cit. p. 234.

(2) Op. cit.

(3) Voici la 31me et la 34me des conclusions générales de l'ouvrage de Baer » Zusatze zur Lehre vom Baue, und Verrichtungen der Geschlechttsorgane. » Leipzig, 1846 : »

« On ne peut pas encore admettre que les villosités du chorion chez la femme » penètrent dans les glandes utérines, comme chez les chiennes, d'eutant plus » que, la femme seule possédant une membrane caduque qui la distingue des autres » mammifères, il peut se recontrer une différence de formation entre le placenta » de l'homme et celui du chien. »

« Si par la suite il était démontré que les villosités du chorion dans la femme » aussi bien que dans la chienne, pénètrent dans les glandes utérines et les disten- » dent, on devrait en conclure que les ramifications et les filaments terminaux des » villosités choriales reçoivent une mince couche qui pénètre avec elles, et elles » la recevraient de la paroi des glandes utérines. Même dans ce cas on pourrait » maintenir la doctrine, déjà acceptée sur la structure du placenta et sur le mode » de formation de ses parties. »

sang de la mère et celui du fœtus, s'opérait toujours de la même manière.

Il faut pourtant avouer que les observations de Sharpey et de Weber font naître quelques doutes chez l'illustre Bischoff (1), dont il convient de rapporter les propres paroles : » S'il est vrai, écrivait-il, que le placenta de la chienne, » comme Sharpey l'affirme, doit son origine à la pénétration » des villosités du chorion dans les cananx glandulaires de » la matrice, qui se trouvent entourés d'un réseau capil- » laire de vaisseaux utérins, et que ces canaux et ces villo- » sités, en augmentant et en se ramifiant continuellement, » s'enchevêtrent les unes dans les autres, comme j'ai pu le » vérifier par mes observations sur la chienne ; s'il est vrai » aussi, comme Weber et Sharpey l'affirment, que la cadu- » qne humaine n'est formée, en grande partie, que par les » glandes utérines fort développées, et que son apparence » dépend de l'ouverture de ces glandes, il devient très- » vraisemblable que, de même dans l'espèce humaine, le » placenta trouve sa génèse dans le fait, que les villosités » choriales, constituant les vaisseaux ombilicaux, pénétrent » dans les canaux glandulaires sur un point de la face inter- » ne de la matrice, et que les unes et les autres, continuant » toujours à se dèvelopper, finissent par constituer son or- » ganisation. Alors il devient évident que la rencontre des » deux sangs dans le placenta ne consiste pas dans un » échange de matériaux entr'eux ; mais que les vaisseaux et » les glandes utérines élaborent une sécrétion, dont s'empa- » rent les villosités et les vaisseaux ombilicaux qui ont pé- » nétré dans les glandes. »

(1) Entwickelungsgeschicte der Saugethiere und des Menschen. Leipzig, 184.

Le doute émis par Bischoff fut accueilli par quelques éminents physiologistes, même dans ces derniers temps. On n'a pourtant produit aucun fait nouveau pour le confirmer, ou pour le combattre. L'opinion qui a eu le plus de succès est celle qui enseignait que la partie utérine du placenta est produite par les vaisseaux de la mère qui s'y rendent. Sur ce point l'accord était presqu'universel ; les divergences d'opinion avaient trait à la manière suivant laquelle les vaisseaux maternels se mettent en contact avec ceux du fœtus.

J'ai déclaré plus haut que je compte, parmi les défenseurs de l'ancienne doctrine qui enseignait la communication directe du sang entre la mére et le fœtus, ceux des modernes, qui, tout en rejetant la base de cette doctrine prétendent que l'échange des matériaux, pour la nutrition du fœtus, s'opére par procédés d'endosmose et d'exosmose à travers les parois des vaisseaux maternels et fœtaux.

Les nombreux défenseurs de cette doctrine devraient être divisés en deux catégories. Dans la premiére, je rengerais ceux pour qui le placenta n'est autre chose qu'un réseau vasculaire ; la seconde comprendrait les autres, qui, tout en acceptant le principe, admettent d'ailleurs que les réseaux vasculaires du placenta maternel sont soutenus par les plis de la muqueuse utérine ou par la caduque dans l'espéce humaine.

Galien (1) fut le maître des premiers : « Venas et arterias » chorii in uteri venas et arterias insertas esse principium » ecundinarum, » en oubliant ce qu'il avait dit autre part : (2) que le placenta est une chair glandulaire qui se forme autour des vaisseaux de l'utérus.

(1) De Formato Foetu.

(2) Aphorismi. 45

Fabrice, parmi les anciens, soutint énergiquement la communication vasculaire directe entre la mére et le fœtus. Bien que combattue par d'autres observateurs, l'opinion de Fabrice a toujours rencontré, jusqu'à présent, des amis (1) et des contradicteurs (2). J'en ai déjà cité quelques uns ; maintenant j'ajouterai que l'illustre anatomiste italien Panizza, en résumant, dans son dernier travail (3), les discussions relatives, aux congrès scientifiques de Naples, de Florence et de Padoue, démontre que des hommes remarquables ont été induits en erreur par certains faits (les injections), qui semblaient prouver la communication vasculaire directe entre le sang maternel et le sang fœtal ; et il conclut que cette communication vasculaire directe n'existe pas, mais que le système sanguin de la mère et celui du fœtus forment un appareil circulatoire, et particulier, touten maintenant entr'eux un contact intime et compliqué même dans les plus petites anses des artères et des veines.

Bien avant Panizza, Bischoff avait avoué qu'il restait un problème à résoudre : déterminer comment sont disposés, dans le placenta, le système vasculaire maternel et celui du fœtus ; et quelles sont les parties qui servent de soutien à ces systèmes. On voit généralement qu'ils se confondent de plus en plus dès leur origine en un organe uniforme ou placenta dans lequel on ne distingue les deux portions, la ma-

(1) Cowper. The Anatomy of the human body. 1698. — Noortwyck. Uteri humani gravidi anatome et historia. 1743. — Vieussens. Dissertatio de Structura et Usu uteri et placentæ muliebris — Haller, Elementa. Physiologiæ T. VIII. pag. 255. — Senac. Traité de la structure du cœur. Paris, 1783 — Florens. Cours sur la génération. Paris, 1836. pag. 138.

(2) Monro. Edinburgh. Medic. Essays. Vol. II. 1749. pag. 68. — G. Hunter. The Anatom. descript. of the human gravido uterus. London. 1794. — Wrisberg. Comment. Medic. 1800. — Bischoff. Entwickelungsgeschichte der Saügethiere und des Meschen. Leipzig, 1842. — Jacquemier. Archiv. Géner. 1738. pag. 165.

(3) Sopra l'utero gravido di alcuni mammiferi. Milano, 1866, pag. 14 et 15.

ternelle et la fœtale, qu'à son origine seulement (1).

Quant à la constitution, même primordiale, de la portion maternelle du placenta, la seule chose qu'en disent les meilleurs auteurs est que, « les vaisseaux du chorion se mettent » en rapport avec une portion correspondante et fort vasculaire de la muqueuse utérine, d'apparence réticulée et celluleuse, et que cette portion forme la moitié du placenta » ou placenta utérin (2). »

Hirtl (3) fait la même observation, et écrit que, « sur un » point de la muqueuse utérine se développe un réseau colossal de vaisseaux veineux formant le dit placenta maternel qui reçoit en lui-même les prolongements ou saillies » du placenta embryonnaire ».

Je passe sous silence les modernes qui reproduisent la doctrine des anciens anatomistes, d'après laquelle le point de la matrice, où l'œuf s'arrête, devient presque fongueux *(caruncul æ uterinæ)* et les fongosités, constituant la portion maternelle du placenta, se mêlent avec celles du chorion, ou placenta fœtal, pour former un placenta unique. Madame Boivin et Velpeau. (4) qui n'admettaient pas la double distinction placentaire, se disaient, avec raison : « Si c'est ainsi » que le placenta se forme, il reste à savoir à quelle époque » et comment les fongosités ou caruncules utérines demeurent séparées, le placenta l'étant de l'utérus par la caduque. »

(1) Mueller, prof. à l'École vétérinaire de Vienne, publiait à Berlin « Muellers Arch. » Un mémoire sur la structure du placenta dans le « Dasyprocta Aguti. » Chez cet animal les deux portions de placenta resteraient éloignées, bien qu'en communication vasculaire, tout le temps de la gestation.

(2) Bischoff. Op. cit. Dell'Allantoide.

(3) Manuale d'Anatonia topografica. T. II. pag.112. Traduzione italiana. Milano 1858

(4) Embryologie et Ovologie humaine. Bruxelles, 1834. pag. 46.

L'opinion d'après laquelle chacune des deux parties placentaires serait formée par des plis ou des feuillets très-minces, irrégulièrement repliés sur eux mêmes, appartient à Eschricht (1). Selon lui, ceux qui constituent le placenta fœtal partent perpendiculairement du chorion. Quant au placenta maternel il affirma avoir vu, spécialement chez la chatte, que la portion utérine forme une membrane vasculaire, qui, tout en provenant de la muqueuse de la matrice, en diffère complètement et se transforme en plis très-petits, qui ont aussi, d'après lui, l'aspect lamelleux.

Chez les rongeurs encore le placenta consiste en un croisement égal de la lamelle du chorion et de la membrane vasculaire de l'utérus. Bischoff vit de plus que, chez les lapins dans la première période de la gestation, quand le placenta commence à se développer, les plis de la muqueuse sont couverts d'élégants réseaux vasculaires. Mais, dans cet animal, il ne trouve pas de glandes utriculaires utérines renfermant les villosités du chorion, comme il arrive chez la chienne, où il avait pu vérifier les observations de Sharpey et de Baer.

Mueller (2) accepta ces observations comme démontrées ; il les érigea même en principe général, en avançant que le placenta présente deux modifications capitales : 1° Développement des villosités rameuses du chorion pénétrant dans la matrice ; 2° Formation dans l'utérus et le chorion de plis richement vasculaires qui s'engrènent les uns dans les autres. Peu après, le même Mueller (3), en parlant du

(1) De organis quæ respirationi et nutritioni fœtus mammalium inserviunt. Kopenaghen, 1837. pag. 13 et 20

(2) Manuel de Physiologie T. II pag. 730. Paris, 1851.

(3) Op. cit. pag 734.

placenta humain et oubliant son enseignement général, affirme que celui-ci se compose de deux éléments ou de deux portions, la fœtale et l'utérine, qui pénètrent réciproquement l'une dans l'autre. Le placenta fœtal consiste en troncs vasculaires riches de villosités rameuses ; l'utérin est formé de la substance de la caduque qui s'insinue entre les villosités et les enveloppe complètement jusqu'à la surface du chorion. Il ajoute que, d'après Weber, le rapport de ces deux parties est bien différent chez l'homme de ce qu'il est chez les mammifères. Chez ceux-ci les villosités vasculaires du fœtus se prolongent comme des racines dans les gaînes également vasculaires du placenta utérin, de manière que les deux systèmes de vaisseaux capillaires se touchent et qu'il y a ainsi échange de matériaux entr'eux ; chez l'espèce humaine. par contre, les villosités du placenta fœtal s'enfoncent dans les larges vaisseaux sanguins provenant des veines maternelles, de manière que les anses vasculaires du fœtus sont arrosées par le sang de la mère.

D'un autre côté Eschricht croit que, chez la femme ainsi que chez les mammifères, il n'y a que le réseau capillaire de la caduque qui entre en contact avec les anses vasculaires des villosités fœtales. De cette manière la structure du placenta utèrin serait toujours la même que celle du placenta fœtal.

Au milieu de tant d'incertitudes, j'aime à rappeler, en la recommandant à votre attention, une observation de Cuvier amplifiée par Mueller, (1) savoir que dans certains poissons, (les squales), tels que les carcharias, les prionodons et les scoliodons, on rencontre l'union des fœtus avec la matrice

(1) Op. cit. pag. 729.

au moyen d'un placenta; et qu'en outre, dans ces animaux, le placenta utérin est formé de replis fort èlevés de la membrane utérine interne, lesquels correspondent exactement aux replis du placenta fœtal, et se fondent aussi intimement entre eux que dans le placenta utérin et fœtal des mammifères.

Il ne m'a pas été donné de confirmer par mes recherches cette observation que je n'hésite pas à juger très-importante pour l'ordre d'idées que je vous expose. J'ai indiqué, en commençant, le changement des plis de la muqueuse utérine en organe glandulaire, lorsque le placenta est unique. Le placenta des squales, d'après les susdites observations, représenterait, de la manière la plus simple et la plus élémentaire, le placenta des mammifères qui l'ont unique. Or, la notion de ces passages, pour ainsi dire progressifs, de la nature, servent toujours d'argument confirmatif et d'éclaircissement pour les observations les plus compliquées. Elle établit le grand secret de la haute utilité et de l'intérêt toujours nouveau et toujours renaissant des études anatomiques comparées. C'est donc avec le plus grand regret que j'ai dû renoncer à combler cette lacune. (1)

Je parlerai, par conséquent, brièvement des opinions principales qui ont été admises sur les fonctions du placenta, en bornant aussi sur cela mes recherches aux points principaux qui ont ou qui peuvent avoir une connexion avec les nouvelles observations que je présenterai, laissant tout-à-fait de côté les fonctions, plus ou moins probables, que les observateurs lui attribuèrent de temps en temps par induction.

(1) Voir lA'ppendice.

L'opinion de Fabrice que le placenta ne servait à autre chose qu'à garder et à conserver les vaisseaux (1), n'eut pas des partisans. Par conséquent Haller écrivait avec raison (2) : « Nemo, ut puto, negat, ab utero in fœtum, per » placentam, succum aliquem alibilem percolari. De natura » succi questitum est, quem uterus in placentam mittat. »

Parmi les anciens, plusieurs ont eu l'idée que, même dans le cas où il est unique, le placenta élabore une espèce d'humeur, analogue au lait, pour servir à la nutrition du fœtus. Bien qu'une telle fonction fût imaginée sans l'appui d'aucune observation de fait, l'opinion des anciens plut aussi à un certain nombre de modernes, qui supposèrent quelques faits pour lui donner une apparence de vérité. Il est cependant étrange que d'autres faits réels, ayant une certaine valeur pour soutenir la doctrine ancienne, bien qu'observés par des anatomistes et des physiologistes remarquables, n'ont pas même réussi à la faire rappeler.

Je crois que Warthon (3) affirma, le premier, que le suc élaboré par le placenta était en tout semblable au lait des mamelles. Harvey s'était simplement contenté de comparer par rapport à leur fonctions, le placenta aux seins : « Jecur, » inquam, est organum nutritium corporis, in quo est : » mamma infantis ; placenta embryonis. » (4). Graaf fut beaucoup plus explicite : « Estimamus itaque, écrivait il,

(1) Prcipæuum utilitatis soopum in hac efformanda fuisse vasorum oustodiam atque propognaculum. Op. cit. pag. 87.

(2) Elementa Physiolog. Bernæ, 1766. T. VIII. pag. 238.

(3) Succus enim quem conficit in embryonis usum, lacteus plane est et lacti n mammilis genito simillimus. Adenografia sive glandularum totnis corporis desiriptio. Amstelodami, 1669.

(4) Exercitatio de generatione Animalium. Patavii, 1866. pag. 574

» non sanguinem sed lacteum quemdam humorem esse, qui » ab utero ad fœtum defertur. » (1).

Il serait trop long de nommer tout ceux qui acceptérent la doctrine de Graaf, en la modifiant quelque peu, (2), ou ne s'enéloignant pas beaucoup, et supposant des vaisseaux laiteux spéciaux destinés à transporter, par le placenta, le chyle maternel au fœtus. L'illustre Haller, aprés avoir mentionné leurs opinions, ne craint pas d'affirmer : « Sed ii » quidem viri (3) fabricam ruminantium animalium ad homi- » nem traduxerunt. »

Lauth (4) a restauré scientifiquement, pour ainsi dire, une opinion d'Hyppocrate, en décrivant de nombreux filaments lymphatiques, d'un genre tout particulier qui vont de l'utérus au placenta. Avant Lauth, Everard (5) avait décrit, chez les lapins, des vaisseaux chyliféres allant directemnnt à l'utèrus. L'observation d'Everard ne fut pas plus confirmée que celle Lauth. Enfin je dois rappeler qu'Aurantius avait prétendu que le placenta non seulement préparait mais épurait le sang pour le fœtus ; et puisqu'à son époque, cette fonction appartenait, pour les adultes, au foie, il nomma le placenta foie utérin. Bartholin se rallia à son opinion. C'est cette même opinion que Bernard (6) a remise en honneur

(1) Opera omnia. Lugduni, 1678. pag. 208

(2) Aliquid forte lacti simile ad ovum ex utero venire. — Van-Swieten.

(3) Verhejen. — Vieussens. — Falconet. — Jenty. — Deidier. — Fizes et d'autres.

(4) In muliere et pecoribus ejusmodi venulas et consimiles ad mammas et utero ferri ; quodque iis vehitur pingue, cum ad uterum pervenit lactis formam habere, ita ut puer, quod in sanguine dulcissimum est, ad se se attrahat simulque aliquantula lactis portionis fruatur. De natura pueri. Genevæ 1657. pag. 241.

(5) Novus et genuinus hominis brutique exortus. Medioburgi, 1661. pag. 132 et 282.

(6) Mémoire sur une nouvelle fonction du Placenta. Paris dans les Anales des Sciences Naturelles. Série 4me. T. x. Zoologie.

scientifique, dans ses récentes observations tendant à démontrer qu'il existe réllement chez le fœtus un organe hépatique placentaire, qui produit de la matière glycogène. Organe qui disparaît au fur et à mesure que le foie du fœtus exécute la même fonction.

Préoccupé d'une telle idée Bernard ne voulut pas l'abandonner même lors qu'il rencontra des cellules glandulaires glycogéniques dans le placenta de quelques animaux. Il lui suffit d'avoir trouvé du sucre dans les cellules placentaires, pour les considérer comme représentant, à elles seules, l'organe glandulaire. Je crois donc utile de résumer ici les observations de cet illustre physiologiste, car, bien qn'incomplétes, elles servent à confirmer celles que j'exposerai. Il a écrit (1) que, dans le placenta des lapins et des cochons d'Inde, se rencontre une substance blanchâtre formée par des cellules épithéliales ou glaudulaires agglomérées. Il trouva ces cellules, ainsi que celles du foie de l'animal adulte, pleines de matiére glycogène et elles lui parurent placées en plus grand nombre principalement entre la portion maternelle et la portion fœtale du placenta. Il lui sembla aussi que ces cellules s'atrophiaient à mesure que le fœtus s'approchait du moment de la naissance. Enfin il reconnut que le placenta des lapins et des cochons d'Inde est formé de deux parties qui ont des fonctions distinctes, l'une vasculaire et permanente jusqu'à la naissance, l'autre glaudulaire qui prépare la matière glycogéne et qui a une durée plus restreinte.

A propos de ces observations récentes on ne peut pas oublier les plus anciennes de Fabrice, de Warthon et de

(1) Op. cit. pag. 113.

Needham sur le placenta des mêmes animaux. Mais pour revenir à Bernard et à ses recherches, il se proposa le problème de savoir si la fonction du foie chez l'adulte est également remplie par l'organe placentaire hépatique, ou bien si, dans le foie seul, les éléments qui élaborent la matiére amylacée et ceux qui forment la bile sont distincts les uns des autres.

Je n'entrerai pas dans cette question, à cause des nombreuses contestations qui en résulteraient, spécialement après les belles observations sur la glycogénèse de nom illustre ami, le prof. Schiff (1). Je remarquerai pourtant un fait physiologique et anatomique qu'on observe dans le placenta des chiens. Ce fait, iudiqué par M. A. Severiu (2) et par Needham, etque j'ai moi même confirmé, n'a été noté ni recherché par ceux des anciens qui, au point de vue de la fonction, ont comparé le placenta au foie. Il ne fut pas même connu par Bernard qui aurait pu l'utiliser dans ses recherches. Pour le rappeler je vais reproduire les paroles même de Needham (3) qui, en décrivant le placenta du chien, a dit : « In media parte tota rubet. Extremis vero lateribus » utrinque viridis est : hujus rei ratio mihi nondum constat. »

Et moi non plus je n'ai pas pu la découvrir. J'ajouterai seulement que la matière verte, en question, se trouve élaborée en plus grande quantité par les cellules épithéliales qui recouvrent les grands plis de la membrane muqueuse qui s'élèvent tout autour des bords placentaires et dont la moitié interne s'est transformée en organe glandulaire dans le

(1) Nouvelles recherches sur la Glycogénie animale. Paris. 1866.

(2) Zootomia Democritea. Norimbergæ. 1645 pag. 307.

(3) Op. cit. pag. 27.

placenta. Entre les plis ou festons de la muqueuse, on trouve souvent accumulée cette matière verte qui a presque l'apparence de l'huile. Elle se dissout complètement dans l'alcool en lui donnant sa couleur. Je crois qu'elle mériterait de fixer l'attention des chimistes pour en déterminer la nature.

Les auteurs eux-mêmes qui avaient vu les villosités du chorion pénétrer dans les glandes utriculaires de l'utérus ne devinaient pas que la sécrétion de ces glandes se rattache à la nutrition du fœtus. Ils se bornaient à indiquer le fait, comme Bischoff, d'une manière dubitative ; ou bien, ils pensaient qu'il pouvait avoir lieu chez quelques animaux seulement, ainsi que le croyait Mueller (1), qui résuma très-bien les observations des plus remarquables anatomistes et physiologistes modernes.

Il résulterait de ces observations que l'appareil cellulaire qui couvre les villosités choriales dans la période où elles sont dépourvues de vaisseanx, est destiné à attirer les substances qu'elles transmettent ensuite aux cellules embryonnaires; et que, lorsque les vaisseaux ont pénétré dans les dites villosités, ce sont eux-mêmes qui s'emparent de la substance nutritive pour la porter au fœtus, en la prenant soit dans le sang maternel, qui, chez la femme, entoure les villosités, soit dans le suc blanc des glandes utérines des animaux. Cette rencontre entre les sucs maternels et les vaisseaux des villosités dans le fœtus tient encore la place de la respiration et en est l'équivalent. Malgré cela, quelques physiologistes modernes de grande réputation (2) avouent

(1) Manuel de Physiologie. Paris, 1967. p. 736,

(2) Vierordt. Elementi della Fisiologia del l'uomo. Milano, 1757. p. 837.

encore ne pas comprendre clairement la manière dont se fait l'échange de matériaux entre la mère et le fœtus chez les mammifères.

Chez les vertébrés mammifères, il faut avant tout distinguer deux périodes différentes de nutrition fœtale. Dans la première, l'œuf des mammifères, tant que le placenta n'est pas formé, trouve les éléments de sa nutrition dans les humeurs qni sont versées en abondance dans la cavité utérine par les glandes utriculaires ; de même que les poussins trouvent dans le blanc et dans le jaune de l'œuf, les substances albuminoïdes, la graisse, les matières minérales et l'eau nécessaires à leur nutrition et à leur développement. Mais ces éléments ne suffisant pas à son complet développement, il s'établit toujours, bien qu'à des époques diverses, selon les différentes classes d'animaux, un lien d'union intime entre la mère et le fœtus. Et s'il a été toujours admis par tous les auteurs que ce rapport s'établit par le placenta, on vient aussi de voir combien d'idées on a eues sur le mode dont fonctionne cet organe.

Bien que celles que j'ai indiquées se rapportent à un ordre limité d'idées, elles laissent cependant les plus grandes incertitudes dans l'esprit. Ces incertitudes augmenteraient encore beaucoup si je voulais citer les interprétations qui furent imaginées sans l'appui de quelque observation.

A ce propos, j'ai eu le bonheur de démontrer, d'une manière certaine, la néoformation d'un organe glandulaire sur toute la surface interne de l'utérus d'un animal à placenta diffus ou villeux, formant incontestablement, chez lui, la portion maternelle de ce même placenta. Ce fait, entièrement nouveau pour la science anatomique, m'aida à mieux éclaircir le même fait dans le cas où le placenta est multiple, comme chez les ruminants. Ces observations m'aideront aussi maintenant à vous le démontrer chez les animaux à placenta unique, pour nous fixer sûrement dans l'idée, que toujours et en toute circonstance, ainsi que je l'ai dit en commençant, le rapport entre la mère et le fœtus s'établit au moyen d'un organe glandulaire de nouvelle formation, et que cet organe constitue une partie réellement spéciale ou maternelle du placenta, très-différente, par la structure et les fonctions de l'autre partie ou portion fœtale.

Ce fait démontré et cette nouvelle vérité assurée ainsi à la scienee anatomique, l'etude physiologique de la nutrition fœtale et des fonctions placentaires trouvera, dans des connaissances anatomiques claires et précises, la base qui lui manquait. Il n'est donc pas inutile de rappeler ici l'idée que j'exposais plus haut sur l'existence ou la non existence de la muqueuse utérine dans l'espèce humaine et chez qnelques animaux. De l'examen des éléments anatomiques qui la composent, je tirai alors la conclusion qu'elle existe toujours; que sa forme plus simple et fondamentale est celle d'une enveloppe épithéliale plus ou moins épaisse; que ses plus grandes complications dépendent de l'élévation du tissu connectif sous-épithélial; et que de cette élévation dépendent les différentes formes des plis simples ou largement festonés, qui, malgrê leur développement, représentent toujours les minimes follicules épithéliaux que nous avions observés sur la muqueuse utérine d'autres animaux. Maintenant, je passe à exposer la démonstration du fait que j'avance et j'espère donner ainsi une idée claire et exacte de la formation du placenta maternel, dans le cas même où cet organe est unique.

A la surface interne de la matrice de la jument, qui est tapissée par la membrane muqueuse la plus simple et la plus élémentaire, le nouvel organe glandulaire, formé dans la grossesse à terme, représente en grand les petits et minces follicules qne j'avais décrits dans la muqueuse de l'utérus non gravide de la lapine. De même la portion glandulaire de néoformation qui se développe sur la partie permanente des cotylédons utérins de la vache, couverts aussi, à l'état de non gestation, par une muqueuse élémentaire, prend des formes plus compliquées et plus parfaites, analogues cependant au types de ces replis à dépressions multiples, qu'on observe, pareils au plus simple, sur la muqueuse utérine d'autres animaux dans l'état de non gestation.

Jusqu'à présent donc le nouvel organe glandulaire, ou portion maternelle du placenta suit dans ses formes et dans son développement les mêmes formes typiques que nous avons observées dans la muqueuse utérines de diverses éspèces d'animaux.

Maintenant, en examinant le même organe chez les animaux à placenta unique, qui possèdent normalement une muqueuse utérine à plis doublés ou a forme de structure la plus élevée de cette membrane, nons verrons que, dans ces animaux aussi, la nature ne change pas le type de la néoformation, et qu'elle modifie et amplifie seulement les formes preéxistantes. Bref, lorsque les follicules muqueux, ou les plis, ou les doublures de la muqueuse utérine preéxistent, chez certains animaux, à la grossesse, ce sont eux même qui augmentent de nombre et de volume et qui prennent des formes extérieures spéciales, sans perdre pour cela, la forme typique d'un simple follicule.

Ces faits confirment suffisament ce que Leydig avait

supposé relativement à la signification des échancrures ou des festons des plis de la muqueuse dans quelques espèces d'animaux. Ils acquièrent une grande valeur, au point de vue anatomique et physiologique, quand on les applique à l'étude de l'utérus gravide, car on est amené à cette autre conclusion très-importante, que le nouvel organe glandulaire, formé pendant la grossesse des animaux, est toujours le résultat d'une transformation et d'un perfectionnement de la muqueuse utérine, sans jamais sortir des formes typiques qu'elle présente à l'état normal de l'utérus non gravide.

Les formes plus simples du placenta seraient celles que Cuvier et Mueller ont décrites dans certains poissons. Or celles-ci également ne sortiraient pas de la loi générale établie par mes observations ; elle démontreraient plutôt le même fait dans son expression la plus simple et la plus élémentaire.

Jusqu'ici j'ai parlé du placenta unique chez les animaux. Bien que tous mes prédécesseurs, même les plus illustres, aient demandé aide et lumière, pour l'étude du placenta de l'homme, à l'observation de celui des animaux, je crois qu'une telle méthode a dû nuire à la vérité et devenir la seule cause de bon nombre des erreurs qui ont été propagées. Dans l'espèce humaine seule la muqueuse utérine ne prend jamais, pendant la grossesse, les caractères d'une membrane plus parfaite. Par conséquent le nouvel organe glandulaire qui se développe, s'éloigne beaucoup de celui qu'on observe chez les animaux. Chez la femme, tout en conservant les parties fondamentales et typiques ou caractéristiques des organes glandulaires, il perd complètement tous les caractères accessoires ou de forme qu'on rencontre dans les diverses espèces de ses similaires. Je l'avais déjà dit dès le commencement, et je viens de le répéter à présent pour faire comprendre le motif qui m'impose le devoir de traiter separément du placenta humain et de celui des animaux, bien qu'il soit unique chez les uns comme chez les autres.

Le placenta des animaux est profondément distinct de celui de l'espèce humaine par sa structure et par la disposition des parties. La démonstration de cette vérité sera, à mon avis, la plus grande et la plus intéressante conclusion de ce travail. Je me trouverais fort heureux si, malgré les nombreuses lacunes que je suis forcé de laisser dans mon écrit, je pouvais, au moins, combler celle-ci ; et je me regarderais plus qu'heureux s'il m'était donné de produire un jour les résultats d'une étude comparée entre le placenta des singes et celui de l'homme.

Appartenons-nous, dès les premiers moments de notre existence à la famille simienne par une même structure placentaire, ou bien leur placenta, conforme à celui des bêtes, l'éloigne-t-il de nous, ainsi que nous sommes déja separés par la structure de cet organe de tous les autres mammifères ?

— Y a-t-il parmi nous quelqu'un qui puisse répondre à cette question si grave et si intéressante ? — La bonne volonté et le courage ne suffisent pas pour ce genre d'étude ; notre pauvreté nous en ôte l'espoir même, car l'amour de la science, qui nous console, est bien souvent pour nous le plus triste et le plus cuisant des malheurs ! (1).

Mais avant de décrire la structure du placenta unique déjà formé chez les animaux, je crois qu'il ne sera pas inutile de

(1) Voir le dernier paragraphe de l'Appendice

faire connaître les observations que j'ai recueillies sur le placenta en voie de formation, en examinant l'utérus gravide d'une lapine entre le neuvième et le dixième jour de la gestation.

En parlant des glandes utérines j'ai dit qu'on trouve sur la muqueuse de la lapine de nombreuses excavations épithéliales simples, que j'ai appelées follicules muqueux ; et, en parlant des différences qu'on observe dans l'examen de la muqueuse de diverses espèces d'animaux, j'ai fait remarquer que la signification anatomique et physiologique de ces follicules est la même que celle des plis nombreux et souvent fort élevées de cette membrane, qu'ils soient ou non festonés.

En étudiant la formation du placenta je prouverai aussi cette assertion. Pour le moment, il sera utile de chercher ce que deviennent les très-petits follicules muqueux dans l'utérus gravide de la lapine

Pour pouvoir décrire et exposer, aussi clairement que brièvement, les obervations faites pendant cette recherche, je me sers des figures microscopiques représentées à 250 grossissements dans la P. VII.

Je dois dire d'abord que la muqueuse utérine de la lapine, entre le neuvième et le dixième jour de la gestation, offre quelques différences, selon qu'on l'examine à proximité de l'endroit où commença à se former le placenta, ou bien dans les portions des cornes de la matrice restées vides.

Près du placenta et dans les portions de muqueuse qui, avec le développement du fœtus seront recouvertes ou pour mieux dire se transformeront en organe placentaire, cette membrane se montre grossie et tomenteuse. Examinée au microscope (P. VII, fig. 1.) on voit que cette apparence est due à un développement remarquable de ces petits follicules que j'ai indiqués par la lett. *a, a*. Ils sont tellement rapprochés que, dans les sections verticales de la figure on en trouve plusieurs coupés en divers endroits de leur hauteur, (lett. *c, c*.) Autour de chacun d'eux, on remarque la prolifération du tissu connectif qui forme la paroi externe de chaque follicule, lett. *d, d*., et tout autour, autant qu'à l'intérieur, l'abondante formation de l'élément épithélial qui est la partie essentielle de tous les organes glandulaires. Ces mêmes follicules, que nous avons vu si petits dans l'utérus non gravide, ont acquis de $0^{mm}$, 10 à $0^{mm}$, 15 de diamètre et de $0^{mm}$, 22 à $0^{mm}$, 30 de hauteur. Une telle hypertrophie à l'endroit indiqué est remarquable, car les bords externes du placenta en formation sont constitués par des élévations ou plis de la muqueuse, qui ont, sur leur partie externe, des échancrures ou festons très-apparents. Bref, c'est le bord extérieur du dernier follicule périférique, compris dans la formation du placenta, qui s'est transformé en une frange festonnée de membrane muqueuse.

La section verticale des portions de cornes de l'utérus restées vides fait voir, au lieu du simple développement des follicules, la muqueuse s'élever et former des plis bien prononcés qui vont peu à peu en diminuant vers le gonflement de la corne où l'œuf s'est arrêté. En examinant ces plis au microscope (P. VII., fig. 4), on est frappé de l'élégante figure qui se présente. Il paraît d'abord difficile de se rendre compte de la structure intime, de la coupe représentée dans la dite figure mais en regardant avec plus d'attention on s'aperçoit aisément qu'elle est produite par des élévations caliciformes, ou en entonnoir, de la muqueuse, rapprochées les unes des autres, à parcours ondulé, se repliant vers leur surface libre. Je reviendrai bientôt sur la signification anatomique et physiologique de ces saillies ou plis compliqués dans l'utérus gravide de la lapine. Ce qu'il importait de rechercher dans la formation du placenta c'était de savoir ce que devenaient les follicules si développés que nous avions vu très-rapprochés du placenta qui commençait à s'organiser.

Pour cette recherche il m'a paru que les incisions transversales du placenta étaient plus utiles et plus démonstratives. La fig. 2, de la P. VII. montre une coupe du placenta de la lapine en voie de formation près de la surface utérine. Les grandes ouvertures limitées à l'intérieur par des cellules épithéliales (lett. *a*, *a*) indiquent déjà la notable expansion caliciforme que les follicules ont vite acquise à l'endroit où se forme le placenta. La base placentaire par conséquent a été constituée par l'ampliation des follicules, et par une prolifération très-abondante du tissu unitif sous-muqueux de l'utérus, (lett. *c*, *c*.) Il n'est pas même rare d'observer, dans cette partie du placenta, que quelques follicules étroitement serrés, (lett. *b*)., ont confondu ensemble leurs parois. Dans ces cas j'ai toujours observé qu'autour des follicules qui conservaient leurs cavités internes, bien que retrécies, la transformation du tissu connectif en cellules épithéliales était plus active dans tout l'intérieur de la même cavité ; fait qu'on observe pas dans le cas précédent. Dans la fig. 3 de la P. VII j'ai fait représenter une section également transversale du même placenta, mais ici à côté de la surface fœtale. On y voit les cavités caliciformes beaucoup plus étroites qu'à la base ; et la forme aussi de tubes déjà achevés y prédomine, (lett. *a*, *a*). Je crois que cela dépend du parcours sinueux et ondulé du bord supérieur des calices provenant des follicules agrandis, qui, par des contacts fréquents, fondent leurs parois entr'elles et forment presqu'autant de tubes serrés et étroits qui s'ouvrent à la surface fœtale du placenta. (1)

En effet, par des sections verticales dans cette partie du placenta en formation, on voit au microscope que la surface fœtale est entièrement tracée et qu'elle a une apparence tomenteuse semblable à une éponge. Dans la dite période de la grossesse de la lapine on voit déjà les ouvertures des tubes ou canaux presque formés et remplis de petites cellules ovales, incolores et très-transparentes. Lorsque les villosités vasculaires du chorion se seront complètement constituées, elles trouveront les ouvertures de l'organe glandulaire prêtes à les recevoir.

Entre la surface fœtale du placenta en voie de formation et la partie voisine que j'ai fait dessiner dans la fig. 3 de la P. VII il n'y a pas seulement la différence que j'ai indiquée relativement au grand nombre d'orifices très-rapprochés des follicules ; il y a encore l'autre différence d'une plus petite quantité de vrai tissu connectif interposé, ayant ici plutôt les caractères d'une substance gélatineuse que ceux d'une aggrégation des corpuscules de tissu connectif. D'où la forme spongieuse et tomenteuse citée plus haut. Lorsque les villosités vasculaires du chorion sont formées, et qu'elles ont pénétré dans ce tissu gélatineux, il s'y organise de grandes cellules rondes analogues à celles dont nous verrons se constituer la sérotine dans l'espèce humaine. Ce sont des cellules, à l'état d'indifférence, qui, par leurs transformations multiples et rapides servent à perfectionner et à com-

(1) Voir l'Appendice.

pléter la structure du placenta normal et à établir un rapport intime avec le tissu connectif utéro-placentaire, au moyen duquel il se confond avec celui du chorion.

Nous verrons, tout-à-l'heure plus clairement, que ces mêmes parties rudimentaires se conservent, sauf quelque différence de forme, dans le placenta complètement organisé. Avant cela, je veux appeler l'attention sur les saillies ou plis de la muqueuse que j'ai décrits dans les portions de cornes utérines restées vides ; car il me paraît qu'elles donnent, mieux que toute description, une idée précise du squelette interne, pour ainsi dire, de l'organe glandulaire ou placenta maternel des animaux à placenta unique. En somme ces plis de la muqueuse (P. VII, fig. 4), sont le rudiment de l'organe glandulaire ou portion maternelle du placenta, qui s'est arrêté dans son développement, parce que l'œuf fécondé s'est fixé sur un autre endroit. Le même fait offre une autre considération assez importante pour le physiologiste ; c'est-à-dire qu'à l'époque du rut et mieux encore, après la fécondation, toute la surface interne de cornes utérines se prépare à se transformer en placenta. Chose qui devait être ainsi, le point de l'utérus, où devait se fixer l'œuf, ne se trouvant déterminé par aucune loi.

Dans les parties qui forment la portion glandulaire ou maternelle du placenta, il se fait en suite d'autres transformations plus importantes qui s'établissent lorsqu'apparaissent les vaisseaux dans les villosités fœtales du chorion, et quand se forment les cellules indifférentes citées plus haut. Je n'insiste pas sur ce sujet qui n'est pas encore suffisamment étudié et qui par conséquent me semble ouvrir un large champ aux observations. La description du développement du placenta dans toutes ses phases et ses transformations successives m'a paru digne d'une étude tout-à-fait spéciale. Le peut que j'en ai dit doitdonc suffire, et aider à connaître la structure glandulaire du placenta maternel complètement formé.

Le placenta de la chienne, parmi ceux des carnivores que j'ai pu examiner m'a semblé le plus propre à démontrer facilement et clairement la structure glandulaire de la portion du placenta maternel achevé. Chez les chiennes ainsi que chez les chattes on ne rencontre pas la diposition de la muqueuse utérine à follicules minimes, mais celle à plis ou doublures plus ou moins prononcées.

Chez ces animaux cependant le placenta se forme de la même manière que lorsqu'existent les follicules que j'ai notés chez la lapine. La seule différence est que, l'ampliation des follicules ne pouvant pas avoir lieu à cause de leur absence dans l'utérus de la chienne et de la chatte, elle se fait à leur place dans les excavations ou festons de la muqueuse qui ne sont que des follicules très-développés même à l'état de non gestation. L'élévation des plis de la muqueuse s'observe assez bien aux bords du placenta chez la chienne et chez la chatte, où l'on aperçoit aussi facilement, que les festons du côté interne d'un pli de la muqueuse, qui regardent et touchent le placenta, se fondent avec lui, tandis que ceux du côté externe du même pli demeurent entièrement libres. En sectionant verticalement l'utérus et le placenta de la chienne ou de la chatte, après les avoir endourci dans l'alcool ou bien dans l'acide chromique étendu, il m'est arrivé souvent de porter l'incision sur des réunions de plis de la muqueuse qui étaient restés compris dans le placenta, sans se transformer en organe glandulaire, comme ceux qui en touchaient immédiatement les parties internes. Ce fait aussi confirme que les plis en question penètrent dans l'intérieur du placenta et s'y confondent.

Cette description est éclairée par les P. VIII. et IX.

En détachant le placenta là où il n'y a pas de pénétration de plis remarquables, et où, par conséquent, ses rapports avec l'utérus sont moindres ; en faisant des incisions transversales sur cette face du placenta dans l'épaisseur de presqu'un demi millimèt. ; et en examinant au microscope, on distingue bien facilement des cavités glandulaires coupées en travers, de différentes dimensions, qui sont des culs-de-sac des excavations des plis de la muqueuse. L'épithélium interne, qui les tapisse se compose de cellules différemment réunies de diverses façons et agglomerées entr'elles, d'où résultent les formes les plus disparates. Dans les sections verticales aussi, ces organes glandulaires restent coupés plus ou moins transversalement et ont peut en conclure que leur parcours est sinueux, P. IX., fig. 1., lett. *d*, *d*. (1).

Par contre, dans la partie supérieure ou fœtal du placenta, quelle que soit la direction de la coupe, on voit toujours un réseau uniforme de tubes, à parcours régulièrement sinueux, comuniquant souvent entr'eux au moyen de très-petites commissures, (P, VIII., fig. 1 et 2, lett. *a* et *b*.) Arrivés à la surface du chorion. (P. VIII, fig. 1. lett. *c*, *c*.,) ces tubes s'ouvrent en extrémités de diamètre variable selon qu'un nombre plus ou moins grand de tubes confluent dans l'ouverture. Le fait, qui est assez facile à observer en se servant de sections verticales sur la surface fœtal du placenta de la chienne, n'a été remarqué par personne, à moins que Haller n'ait voulut parler de cela, en écrivant : « In cane dum

(1) Voir l'Appendice.

» villosum chorion, foraminulentum et reticulatum, detra-
» hebam, succus serosus defluxit, et alius sanguinis sucessit (1). » En tout cas, je m'empresse de rapporter ces paroles, bien que concises et dubitatives, de l'illutre physiologiste ; car elles ont, à mon avis, une grande importance pour les observations que je viens de citer, malgré l'oubli complet où elles ont toujours été laissées. Les villosités du chorion pénètrent dans les orifices des tubes sinueux susdits.

Il reste maintenant à rechercher quel est le rapport de ces tubes avec les organes glandulaires formés par l'acroissement des sillons des replis de la muqueuse que j'ai décrit à la surface utérine du placenta, tant par les sections verticales que par les transversales, (P. xi., lett. *d*, *d*,)

Les sections verticales sont d'une grande utilité pour cette recherche. En bas de la P. xi., lett *a*, *a*., est représenté le tissu connectif de l'utérus qui, s'étant élevé par prolifération, a porté plus haut les grands plis féstonnés de la muqueuse, dont le cul-de-sac est figuré à la lett. *d*, *d*, avec augmentation de volume. (2) Les parois de ces festons ou follicules, transformés en organe glandulaire, se fondent entr'eux et vont constituer des cavités plus grandes, entourées par une couche d'épithélium particulière, qui, en se décollant, forme une humeur laiteuse, coogulable dans l'alcool, qui remplit quelques parties de la cavité où il s'épanche Sur les parois supérieures de ces cavités s'ouvrent les tubes dont j'ai parlé (lett. *e*, *e*). Ou pour mieux dire, ces parois se continuent avec celles qui forment la paroi extérieure. des mêmes tubes, pendant que la paroi cellulaire interne de la cavité se con-

(1) Op. cit. T. viii. pag. 243.

(2) Voir l'Appendice.

tinue avec leur paroi intérieure. Les villosités choriales, ou placenta fœtal, n'arrivent pas à pénétrer dans les cavités glandulaires inférieures du placenta formées par les replis de la muqueuse.

Ces observations laissent supposer avec raison qu'Eschricht et Bischoff ont confondu les cavités glandulaires avec les dilations des glandes utriculaires que j'ai représentées à la lett. *b*, *b*. ; et que de la marche sinueuse des villosités du chorion dans les canaux sinueux des tubes glandulaires, est venu aussi l'idée de lames constituant le placenta fœtal et l'utérus, en se croisant et s'abouchant de différentes manières, (P. VIII., fig. 2). Le fait est que, même, dans le cas de placenta unique chez les animaux, c'est la muqueuse qui se transforme en organe glandulaire ; et que cet organe ne perd pas le type de follicule glandulaire simple, parce qu'une partie des follicules a une disposition singulièrement flexueuse et qu'ils comuniquent entr'eux, (P. VIII, fig. 1 et 2, lett. *e*, *e*). On rencontre toujours la forme d'un canal ou tube, dans lequel se trouve d'un côté l'orifice, de l'autre l'extrémité en cul-de-sac, où est renfermé une anse vasculaire du chorion chargée d'absorber l'humeur provenant de la production épithéliale interne du follicule glandulaire (1).

Même dans les cas de placenta unique, la portion maternelle en est glandulaire et la fœtal vasculaire. Le rapport de ces parties entr'elles est plus complet que dans le cas où le placenta est multiple ou disséminé, mais il ne faut pas beaucoup de peine pour en ramener la structure à ses formes les plus simples et les plus élémentaires. Il suffira

(1) Qu'on compare pour plus de clarté la figure schématique du placenta de la chienne (P. I, fig. 3) avec les figures réelles que j'ai décrites et représentées (P. VIII et IX).

pour s'en convaincre, d'examiner les fig. 1 de la P. IV, représentant la structure du placenta de la jument ; et de les comparer à celles qui ont servi pour la déscription du placenta de la chienne.

La même structure s'observe dans le placenta de la chatte ; mais pour les descriptions ainsi que pour les dessins j'ai préféré celui de la chienne, parce que le volume plus grand des parties en rend, dans cette animal, l'observation plus facile.

A présent, en rapprochant ces observations des recherches faites sur le placenta en voie de formation, il en résulte bien clairement le lien qui unit les diverses parties décrites. La base du placenta en voie de formation, (P. VII. fig. 2), correspond entièrement à ce que j'ai décrit et dessiné dans la P. IX., lett. *d*, *d*. Les tubes glandulaires, déjà formés, représentés dans la P. VIII., fig. 2, correspondent à ceux que j'ai fait dessiner en voie de formation dans la P. VII, fig. 3; enfin la couche superficielle trouée et spongieuse que j'ai décrite dans le placenta en voie de formation, se trouve indiquée dans le placenta formé et représenté dans la P. VIII., fig. 2.

On voit, en général, que, dans l'accouchement de ces animaux, la portion fœtale, ainsi que la maternelle du placenta est expulsée de l'utérus et qu'il y a par conséquent une vraie lésion traumatique. On sait que Weber (1) avait proposé de distinguer les mammifères en deux classes d'après le mode de séparation des deux parties du placenta, au moment de la parturition. Dans la première il comprenait ceux chez lesquels les placentas s'unissent si faiblement qu'ils se séparent

(1) Frorieps Notizen aus dem Gebiete der Natur und Heilkunde. 1835. N° 996.

sans produire dans l'utérus la plus légère lésion traumatique, ainsi que chez les ruminants. En ce cas, d'après lui, les placentas maternels restent dans l'utérus en diminuant simplement de volume. Dans la seconde classe il plaçait les animaux dont les deux placentas sont unis si étroitement, qu'au moment de la parturition l'utérin se détache en même temps que le fœtal, de manière à produire toujours une lésion traumatique de l'utérus. Parmi ceux-ci il classait les carnivores, les rongeurs et la femme. Pour tous, le placenta unique seulement est un organe caduque qui doit se reproduire à chaque grossesse.

Une telle manière de voir, bien qu'adoptée par les plus savants anatomistes et physiologistes, est complètement inexacte. Nous avons vu, à ne pas en douter, comment chez les solipèdes la portion maternelle du placenta, qui est disséminée ou diffuse sur toute la surface utérine interne, ne diminue pas seulement de volume, mais se détruit tout-à-fait et disparaît après l'accouchement ; et comment la même chose arrive pour les portions des cotylédons qui se développent pendant la grossesse de ces animaux, chez lesquels les cotylédons de l'utérus non gravide indiquent la place où se fera la néoformation du placenta maternel pendant la grossesse. Il en résulte que dans tous les cas, sans exception, le placenta maternel est un organe caduque au moment de la parturition ou après, et qu'il doit se reproduire à chaque grossesse. Quant à la lésion traumatique de l'utérus, également admise par Weber, tant pour les carnivores que pour la femme, je dois répéter que cette affirmation est elle aussi controuvée.

En examinant, en effet l'utérus des chiennes, à différentes époques après l'accouchement, on observe certains faits dignes d'attention. Dans l'utérus d'une chienne tuée deux heures après la parturition j'ai trouvé sa cavité abondamment salie par une humeur ou mucosité de couleur verte foncée. Cette coloration est produite par la matière verte élaborée, en grande quantité, comme je l'ai dit plus haut, par les cellules épthéliales des grands plis de la muqueuse qui entoure le placenta. Et ce qui devient encore plus important c'est que ce sont ces plis, très-élevés, qui restent dans l'utérus, et qui circonscrivent la place où s'était formé le placenta. Cette même place au lieu d'être denudée par le décollement du placenta, se trouve, par contre, récouverte d'une couche qu'à son apparence extérieure, on prendrait pour une muqueuse grossie, en rapport de continuité avec les plis qui bornent la même région placentaire.

Cela suffit pour montrer que la lésion traumatique de l'utérus dans les animaux à placenta unique est bien légère et bien limitée. Les apparences sont différentes si on examine l'utérus de ces animaux deux ou même six jours après l'accouchement. Alors la substance verte a disparu ; et, dans la contraction de l'utérus revenant à son volume normal, la grosse muqueuse, que j'ai remarquée aux endroits où s'était formé le placenta, se trouve changée en plis nombreux, très-rapprochès, fort élevés et minces. Ce que la membrane, dont ils sont formés, a perdu en épaisseur, ils l'ont gagné en longueur. Le plissage en franges très-rapprochées est l'effet de la diminution notable du volume utérin.

Je n'ai pu répéter l'observation que trente jours après l'accouchement. Les endroits, où les placentas s'étaient formés, étaient encore indiqués par une mince croute noirâtre un peu plus grande qu'un centime. L'animal qui avait servi à l'observation était de taille moyenne. Il est donc démontré que les grands plis de la muqueuse utérine qui s'élèvent aux bords du placenta et contribuent à sa fonction avec leur partie plus interne, ainsi que la forte couche, semblable à une muqueuse épaisse, qui occupe toute la place où s'organisèrent les placentas, s'altèrent et disparaissent peu à peu, pour donner lieu à la production de la muqueuse propre de l'utérus non gravide. Bref, dans l'accouchement c'est la portion nouvelle de la muqueuse transformée en placenta qui se détache. L'ancienne muqueuse y reste, et elle y reste épaissie ; puis elle subit, par suite des contractions utérines, les modifications indiquées, jusqu'à ce qu'enfin elle se détruit tout-à-fait.

Or, en observant les grands plis constatés le deuxième et même le dixième jour après la parturition, il m'a paru que leur destruction progressive se fait au moyen d'une dégénérescence graisseuse spéciale et limitée. Pour cette observation. comme pour les autres je suis forcé de laisser plusieurs lacunes à cause des graves difficultés qu'on rencontre à chaque pas dans ce genre de recherches. Je n'ai pas voulu passer sous silence le peu que j'ai pu faire parce que, avec le petit nombre d'observations qu'on a sur ce sujet, les faits énoncés peuvent jusqu'à un certain point, nous aider à comprendre comment se détruit, après l'accouchement, l'organe glandulaire sur toute la surface utérine de la jument, et dans la portion glandulaire de nouvelle formation des cotylédons utérins de la vache. Et cela d'une manière différente de celle qu'on enseigne.

Même au point de vue de Weber, l'homme ne peut pas être confondu avec les animaux. La lésion traumatique de l'utérus et par conséquent de l'accouchement, ou bien n'existe pas, ainsi que dans le cas de placenta dissiminé ou multiple, ou bien elle très-légère, lorsque le placenta est unique, comme je l'ai démontré pour la chienne. Chez la femme seulement l'accouchement produit une véritable et grave lésion traumatique de l'utérus. C'est ce que je vais démontrer, en passant à la description de la structure du placenta humain.

# VI

# DU PLACENTA HUMAIN

J'ai plusieurs fois annoncé que la structure du placenta humain est très-différente de celle de plusieurs mammifères, bien qu'ils soient à placenta unique, tant par la forme et la disposition de ses diverses parties, que par la manière suivant laquelle il se constitue ou se détache de l'utérus dans l'accouchement. Malgré ces différences remarquables, cependant dans le placenta humain, ainsi que chez tous les mammifères, le nouvel organe glandulaire existe et forme l'une de ses deux parties fondamentales ou la portion maternelle, qui se met en rapport direct avec l'autre partie ou portion villeuse du chorion, c'est-à-dire le placenta fœtal.

La cause intime de toutes ces différences est liée aux phénomènes qui se produisent à la surface de la partie utérine, sur laquelle se forme le placenta, pour donner lieu à la néoformation de l'organe glandulaire ; à la manière suivant laquelle les villosités du chorion se mettent en rapport avec le même organe ; et enfin, au mode de distribution des vaisseaux utéro-placentaires dans le placenta humain.

La modification la plus notable qui s'opère à la surface utérine, là où apparaît le placenta, se rapporte à la formation de la membrane dite caduque ou sérotine, membrane qui manque chez les animaux (1). Chez ceux-ci la formation de la partie maternelle ou glandulaire dépend d'une métamorphose directe de la muqueuse utérine. Mais avant de rechercher la structure intime et les fonctions de la dite membrane il conviendra de citer d'abord quelques-unes des très-nombreuses opinions qu'on a eues et sur le mode de formation et sur la structure de la caduque vraie ou utérine. Je parlerai en particulier seulement de celles qui peuvent m'aider à démontrer l'importance très-grande que la sérotine a dans la formation du placenta, et pour la nutrition du fœtus humain. C'est, je pense, ce qui mérite le plus d'attention.

Quant au mode de formation et aux rapports de la caduque avec l'œuf, on rencontre de graves divergences d'opinion. Selon les observations des physiologistes les plus modernes, de Vierordt par exemple, l'œuf, après son entrée dans la cavité utérine, adhère à quelque point de la muqueuse ; celle-ci se gonfle alors autour de lui, l'embrasse comme une capsule, et fait, pour ainsi dire, son nid, ou la caduque interne ou réfléchie. Cette capsule muqueuse grossit, de pair avec l'œuf, de plus en plus ; et, au troisième mois, elle s'applique contre la muqueuse utérine, couverte par la caduque externe (2). Se fondant ainsi avec celle-ci elle ne fait

(1) Voir l'Appendice.

(2) Vierordt préférerait les dominations de caduque externe et interne à celles généralement employées de caduque utérine ou vraie et caduque refléchie.

plus qu'une seule membrane qui perd peu à peu sa vascularité.

Autrefois on croyait que les choses se passaient tout autrement. On supposait que les orifices utérins des trompes de Fallope se bouchaient par l'effet de la tuméfaction de la muqueuse, et qu'ensuite la même membrane enveloppait l'œuf à son entrée dans l'utérus. On distinguait, par conséquent, la caduque réfléchie ou la partie de la muqueuse qui, poussée par l'œuf dans son passage des trompes à l'utérus, se repliait sur elle même et l'enveloppait directement : c'était la capsule muqueuse de Vierordt. La caduque vraie était formée par la partie de la muqueuse utérine non repliée, qui représentait ainsi la couche externe des enveloppes de l'œuf.

Les opinions principales qu'on eut depuis sur la structure de la caduque de l'œuf humain se reduisent à celles-ci : elle est un produit anhiste, analogue aux produits d'exsudation ou aux psuedo-membranes ; ou bien elle est une membrane organisée spéciale. Parmi les partisans de la dernière opinion, il faut séparer ceux qui croient que la caduque est formée par une tuméfaction ou expansion quelconque de la muqueuse utérine « *membrana utéri interna evoluta,* » comme le dit Seiler, en lui accordant une organisation et des vaisseaux ; et ceux qui, après les observations de Weber, prétendent, avec Bischoff, que la caduque est constituée par la couche des glandes internes de la matrice, au milieu desquelles se trouvent de nombreux vaisseaux avec une matière plastique exsudée, ou psuedo-membrane, qui s'unit à la membrane utérine interne si intimément, qu'il semble se former une seule et même membrane. Cette idée paraîssiat bien appuyée par l'observation du fait, qu'en comprimant les parois d'un utérus gravide on en voit jaillir l'humeur des glandes utriculaires et des nombreux orifices dont la surface de la caduque est criblée, lorsqu'elle est complètement detachée de l'utérus. Ces faits semblaient de montrer la continuité des canaux glandulaires avec la caduque.

En parlant des glandes utérines j'ai noté comment dans la caduque des ruminants, et qui a la forme d'une mince enveloppe épithéliale, on observe certains petits opercules, qu'on trouve sur la surface externe du chorion et qui correspondent aux orifices de ces glandes utérines. Dans l'espèce humaine, par contre, l'épithélium de la muqueuse et celui des glandes utérines mêlés à la substance organisable, constituent l'épaisse membrane appelée caduque ; celle-ci adhère à la surface épithéliale interne de l'utérus et la secrétion glandulaire est si active et si continue qu'elle maintient ouvert l'orifice des glandes à travers la caduque. Ces nombreuses ouvertures de la caduque sont celles qui lui donnent, quand elle en est détachée, l'apparence d'une membrane percée comme un crible.

Pendant la menstruation, il s'organise aussi une espèce de caduque, parfois assez remarquable, nommée caduque cataméniale, qui se développe toujours beaucoup, après la conception. De tels faits ont amené Hunter, Seiler, Sharpey et Weber à affirmer que la muqueuse utérine se prépare déjà, pendant la menstruation, à recevoir l'œuf, et, qu'après la conception, elle se transforme en son enveloppe externe.

Or, si d'après les observations précédentes, la caduque vraie n'est qu'un produit d'exsudation, dû en très-grande partie à la sécrétion des glandes utérines et á la transsudation d'humeurs organisables de la surface interne de la matrice, il devient facile de comprendre la formation de la caduque réfléchie qui a été l'objet de tant de discussions parmi les anatomistes. Pendant que toute la surface interne de l'utérus se tapisse de la caduque utérine, l'œuf en arrivant dans la matrice, se trouve recouvert lui aussi, d'un semblable enduit formé par les mêmes matériaux, qui servent de plus à le fixer sur quelque point. A ce point la caduque utérine et la réfléchie se fondent bientôt ensemble, lorsque l'œuf, en grossissant, pousse la réfléchie qui l'entoure contre l'utérine, de manière que les deux caduques ne constituent plus qu'une seule membrane.

La caduque utérine et la réfléchie sont donc constituées par les matériaux organiques, élaborés par la surface interne de la matrice et par les glandes utérines. Ces matériaux servent à alimenter l'œuf avant la formation de l'organe glandulaire, avec lequel se mettront en rapport les villosités du placenta fœtal, lorsqu'elles seront devenues vasculaires. Cela explique facilement la fusion des deux caduques. L'utérine est probablement ainsi développée dans l'espèce humaine, parce que la muqueuse ne s'élève pas en plis nombreux et remarquables pour constituer d'énormes follicules ouverts, comme il arrive chez les animaux; c'est pour cette raison que chez ces derniers, il se forme une espèce de placenta rudimentaire dès les premiers moments de la conception, et peut-être dès le moment même qu'ils entrent en chaleur. Mais si tout cela n'est pas difficile à comprendre, et se trouve confirmé par des observations plus ou moins exactes d'illustres auteurs, il n'en est pas de même pour la caduque sérotine, qui, d'après quelques-uns d'entre eux, n'est autre chose que la partie ou le point même où les deux caduques se sont rencontrées pour fixer l'œuf contre la paroi de la matrice.

Les anciens anatomistes avaient remarqué que la surface

utérine du placenta humain est rendue inégale par la présence d'élévations ou de lobules arrondis et rapprochés les uns des autres. Aurantius (1) enseignait que cette surface placentaire, nommée par eux fongueuse, était recouverte d'une petite membrane mince et blanchâtre. Fallope (2) croyait cette membrane formée par une matière agglutinante. Bojanus l'appela ensuite caduque sérotine, et d'autres, feuillet utéro-placentaire.

Aucun auteur moderne ne nie son existence; mais on n'est pas encore d'accord sur sa fonction. On l'a appelée une lame subtile de la caduque utérine, avec la même structure que celle-ci. Les uns lui décrivent des vaisseaux; les autres lui en contestent l'existence. On a prétendu qu'elle servait à maintenir unis les cotylédons placentaires, et on a soutenu qu'elle pénétrait non seulement entre ceux-ci, mais aussi entre chaque filament vasculaire. On a supposé qu'elle se recontre dans toutes les périodes de la gestation; ou on a dit qu'elle n'existe que dans les trois ou quatre derniers mois. D'après Haller, Rouhault (3) a observé le premier que la sérotine arrive jusqu'à la surface concave ou fœtale du placenta par les fentes qu'on voit sur sa surface utérine ou convexe. Hobokenius (4) notait que le chorion, qui couvre les sillons placentaires et y descend, sert à unir les lobes du placenta entr'eux (5). De sorte qu'on a aussi con-

(1) Aurantius. De humano fœtu. Cap. 10, p. 71.

(2) Obserov. Anatom. in operibus Vesalii. p. 754.

(3) Rouhault niait, sans raison, une structure membraneuse à la sérotine parce qu'elle est percée de trous nombreux qui donnaient passage, selon lui, à un grand nombre de vaisseaux. Mém. de l'Ac. R. des sciences 1714. p. 182.

(4) Anatomia Secundinæ humanæ repetita. Ultrajecti, 1675. p. 113.

(5) Noortwyk pendant quelque temps crut exacte l'observation d'Hobokenius puis il l'a niée absolument. Op. cit. p. 153.

fondu ensemble le chorion et la sérotine. (1)

Il y a environ trente ans, Burns (2) soutint que le placenta était le résultat du mélange des vaisseaux utérins avec la couche extérieure de la caduque.

Mueller (3) prétend que le placenta utérin de la femme est constitué par le développement de la caduque, qui augmente en face du placenta fœtal et s'insinue entre les paquets de ses villosités, de manière à rejoindre la surface interne du chorion. Il ajoute que la structure de la caduque sérotine ou secondaire est analogue à celle de la caduque vraie (4).

Vierordt ne s'éloigne pas beaucoup de ces affirmations, en écrivant : « que dans le point du chorion qui regarde ou touche la paroi de l'utérus, se développent les villosités; et que sur la surface utérine se forment la portion correspondante de caduque et les vaisseaux sanguins de la mère. De la couche fibro-musculaire de l'utérus, dit-il, sortent de nombreuses artérioles qui se distribuent à cette portion de caduque, en s'y faisant capillaires; ensuite leurs parois s'amincissent peu à peu, et enfin elles disparaissent. Pendant cette période, la partie de caduque, qui a été souvent appelée sérotine, se trouve criblée par des aréoles ou cavités qui renferment du sang, et qui se développent au point qu'il ne reste presque plus rien de sa trame primitive et fondamentale (5). »

(1) Frequentissime etiam a partus ; latas lacinias chorii reperio quæ in utero, manserint. Haller. Op. cit. T. VIII pag. 235.

(2) Medical Gazzette of London.

(3) Op. cit, T. II. p. 731.

(4) Op. cit. T. II. p. 714.

(5) Fisiologia dell'uomo. Milano. 1862. p. 789.

Les incertitudes qui dominent la science sur la caduque sérotine sont donc assez graves. Pour ne pas nous y arrêter trop longtemps, j'énoncerai l'idée générale que j'ai de cette membrane comme je l'ai fait d'abord pour la caduque utérine et la réfléchie. J'ai dit que l'endroit où l'œuf s'arrête est aussi celui où primitivement les deux caduques viennent en contact et se confondent, si mince que soit à ce moment la réfléchie, qui entoure l'œuf. Tout le monde sait que dans ce point surtout se développent les villosités choriales, qui sont d'abord le premier instrument, au moyen duquel l'œuf absorbe les éléments nutritifs dans les matériaux qui l'entourent. Non-seulement les villosités s'agrandissent beaucoup, mais elles deviennent aussi plus complètes, grâce aux vaisseaux provenant de l'allantoïde, et qui les parcourent.

L'absorption doit être conséquemment très-active sur ce point, et ce qui le prouve, c'est le développement considérable des villosités ; il en résulte qu'en cet endroit, surtout, les éléments constitutifs des caduques sont plus rapidement absorbés qu'ailleurs. Pendant ce temps le tissu connectif de la surface interne utérine sousjacent prolifère et se transforme au point de constituer le tissu le plus merveilleux qu'on connait. La structure, qui est, comme nous le verrons, toute propre à la caduque sérotine, suffit déja pour ne pouvoir être confondue avec la caduque utérine et la réfléchie, confusion qui a été presque généralement commise jusqu'à présent. Nous verrons aussi par la suite, qu'en dehors des particularités très-remarquables de structure, on doit considérer la sérotine comme le stroma de l'organe glandulaire ou portion maternelle du placenta. Car telle est la fonction importante et élevée que la nature a confiée à cette membrane, dont les anatomistes et les physiologistes ont fait toujours si peu de cas. Pour éviter des confusions causées par une nouvelle nomenclature je continuerai à l'appeller du nom de sérotine.

Avant d'exposer mes propres observations, je dois remplir la tache de rapporteur. Je le ferai d'autant plus volontiers, qu'en citant les observations microscopiques de Robin (1) et de Pouchet (2) sur la structure de la caduque sérotine j'aurai à parler des premières recherches qui ont été faites sur ce sujet et qui n'ont pas encore été répétées par d'autres observateurs. Bien qu'incomplètes, elles viennent à l'appui de celles que j'exposerai moi-même.

Robin regarde la membrane grisâtre, qu'on observe sur la surface utérine du placenta, et qui s'enfonce entre les cotylédons en y augmentant de volume, comme une portion de la caduque. Cette membrane, dit-il, se continue visiblement avec la portion de la caduque qui adhère au chorion. Le tissu grisâtre qui la forme contient : 1° une matière amorphe ; 2° des granulations moléculaires de différente nature; 3° des cellules qui ont subi une hypertrophie considérable et qui présentent les altérations les plus diverses, capable de rappeler toutes les variétés connues et décrites des cellules cancereuses. Il suffit, ajoute-t-il, de racler avec la lame du scapel la surface utérine d'un placenta récent, et d'examiner au microscope la pulpe obtenue, pour découvrir des cellules qui ont tous les caractères des prétendus éléments du cancer. Les épithéliums si profondément et différemment altérés ne sont pas, cependant, que des

(1) Mémoire sur quelques points d'Anatomie et de Physiologie de la muqueuse utérine. Paris 1858.

(2) Précis d'Histologie humaine. Paris, 1864. p, 359.

éléments normaux, ou cellules de la muqueuse utérine, qui ont éprouvé, au milieu d'un tissu normal, des modifications physiologiques, que des éléments semblables ne présentent, dans l'économie animale, que sous une influence pathologique. La nutrition du fœtus se fait par un échange endosmotique à travers cette couche grisâtre qui constitue la caduque sérotine.

Les résultats des observations de Robin. acceptés par Pouchet et par Nysten, (1) ne sont exactes qu'en partie, c'est-à-dire, pour celle qui se rapporte à l'existence de cellules très-singulières dans la caduque sérotine. Tout le reste est erroné, comme je vais le démontrer.

Je viens de dire que la caduque sérotine se distingue de la caduque vraie ou utérine, et de la réfléchie par des caractères anatomiques. Pour donner la démonstration de ce que j'ai avancé je commencerai par l'étude des villosités placentaires; et par la description même de leur structure, ensuite je ferai connaître leur fonction.

Les anciens savaient déjà que les villosités placentaires, qu'ils appelaient des fibres rameuses, étaient entourées de quelque chose que plusieurs auteurs se contentèrent de nommer toile celluleuse. Hobokenius l'appelle substance nerveuse; Needham dit que c'était de la gélatine : « In » gelatinan lentam et multis in locis glandulosam concrescit » ut difficlius a vasis separari possit. (2). » Stuart l'appela

(1) Dictionnaire de Médecine etc. Paris 1858, X édition, Art. Placenta. (*)

(2) Op. cit. p. 34.

(*) Le Dictionnaire qui porte le nom de Nysten, dans ses dernières éditions à commencer par la dixième, est en très-grande partie l'œuvre de Littré et Robin. Par conséquent les observations relatives au Placenta qui se trouvent consignées dans cet ouvrage appartiennent à Robin lui-même, et Nysten, décédé en 1818, n'en a aucune responsabilité. NOTE DES TRADUCTEURS.

substance carneo-spongieuse particulière. Haller considérait, que : « cum truncis vasorum advenit, quibus est pro » vagina, indeque ad minimas usque fibrillas comitatur ; » et que selon Albinns, « altera superest tenerior cellulositas » quæ a chorio propagata vascula singula obvolvit. »

De sorte qu'il concluait que le placenta n'était composé que de vaisseaux et de la toile celluleuse. Quant à la fonction de cette toile il se contenta d'affirmer qu'il y avait : « clarissimi viri, qui ex utero sanguinem malunt in cellulosam telam deponi indeque per venulas placentæ resorberi (1). »

Dans les ouvrages des modernes on trouve que c'est une couche plus dense, plus fragile et moins régulière du feuillet utéro-placentraire; qu'elle entoure les troncs vasculaires. Cela fit croire à quelques-uns d'entre eux que les vaisseaux placentaires s'épanouissaient dans l'épaisseur même de la caduque, ou que le chorion était composé de plusieurs lames ou feuillets ; que la caduque ou membrane anhiste envoyait un feuillet à la surface externe et un autre à la surface fœtal du placenta ; et que la mince pellicule, formée par cette dernière, se repliait entre tous les lobes, les lobules et les vaisseaux placentaires.

On cherche en vain dans les travaux récents de plus amples renseignements sur ce sujet. Il faut excepter cependant ceux donnés par Farre (2), qu'il sera utile de rapporter, car je ne les ai vu citer par personne. Selon lui, chaque villosité est composée de deux parties distinctes; c'est-à-dire, d'une couche membraneuse externe, et d'un tissu interne plus

(1) Op. cit. p. 241.

(2) Farre Arthur. The article. Uterus and ihs appendages. From the Cyclopedia of Anatomy and Physiology. London 1858. p. 718. fig. 485.

mou et vasculaire, qui s'introduit dans l'autre comme les doigts dans un gant. La distinction, entre ces deux tissus, ne s'observe pas facilement, si ce n'est dans les cas où la couche externe se déchire en laissant la substance interne à découvert, ou bien dans le cas où il arrive que, le placenta demeurant quelques jours dans l'utérus et s'y altérant, sa partie interne se crispe et s'éloigne de la paroi extérieure, de manière à laisser un petit espace entre l'une et l'autre. En examinant une villosité au microscope on voit que la couche externe est formée par une membraue transparente, non vasculaire, amorphe, dans laquelle sont enchâtonées ou attachées à la surface interne, de nombreuses cellules sphéroïdales, quelque peu aplaties, formant une couche unique.

La portion interne, toujours d'après Farre, est formée par un tissu mou et pulpeux qui enveloppe les vaisseaux sanguins des villosités, et au milieu duquel se trouvent enchâssées d'autres cellules nombreuses, de même nature que celles qui se trouvent à la surface interne de la couche extérieure.

Dix ans après, Vierordt, sans connaître les observations de Farre, se bornait à enseigner que les villosités sont formées par une anse vasculaire ou tissu connectif et recouverts d'un épithélium qui favoriserait, d'après lui, l'échange endosmotique avec le sang de la mère.

Mais Farre ne cherche pas d'où venait la couche extérieure des villosités qu'il avait, en partie, si bien décrites ; et même, en disant que les villosités partent du chorion et vont jusqu'à la caduque, dans laquelle elles s'implantent et adhèrent de toute la longueur qu'elles y ont pénétré, il exclue ce qu'on observe réellement dans le fait, savoir que la caduque sérotine, qui se prolonge sur les villosités, les entoure toutes et les accompagne jusqu'au chorion.

Pour procéder avec ordre je dirai maintenant ce que j'ai vu en étudiant les villosités. Les observations de Farre sont entièrement exactes et complètent les doctrines des anciens sur la toile celluleuse, ou membrane externe, qui entoure les villosités dans toutes leur extension (P. x., fig. 2, lett. *b, b*). En employant les procédés habituels d'imbibition on parvient facilement à s'apercevoir, qu'au moins dans les placentas à terme, les cellules ne sont pas enfermées dans l'épaisseur de la membrane, mais qu'elles forment, au contraire, une espèce de couche épithéliale qui en tapisse toute la face interne. En exerçant des pressions convenables sur des portions de villosités, il arrive bien souvent que la paroi qui entoure les vaisseaux, d'où partent les villosités plus petites se déchire. Dans ce cas, la couche épithéliale, formée par les susdites cellules ovales et granuleuses, s'aperçoit bien facilement. Je n'ai jamais réussi à rencontrer de pareilles cellules dans la substance diaphane qui entoure les vaisseaux des villosités, dans lesquelles on distingue clairement les cellules fusiformes qui en font partie, (P. x, fig. 2. lett. *a, a.*)

J'ai dit, plus haut, que la membrane extérieure, entourant les villosités dans leur totalité, est fournie par la caduque sérotine. Maintenant je le démontrerai.

Tant chez les animaux que chez l'homme, sur la surface interne de la matrice, où l'œuf se développe, il se fait une prolifération abondante de tissu connectif qui n'augmente pas seulement par le nombre, mais aussi par le volume de ses éléments. Entre les animaux et l'homme il y a pourtant cette différence importante: chez les premiers l'hypertrophie et l'hyperplasie du tissu connectif sous-muqueux soulèvent aussi la muqueuse utérine qui se change, comme nons l'avons vu, en organe glandulaire ; tandis que chez l'homme, au contraire, il n'y a pas seulement hypertrophie et hyperplasie des éléments anatomiques constituant le tissu connectif, mais ceux-ci se transforment et produisent la néoformation d'un tissu de cellules spéciales indifférentes, qui sont le stroma d'où provient l'organe glandulaire, qui constitue la portion maternelle du placenta. La matrice de la femme, à l'endroit où s'organise le placenta, reste couverte par la sérotine, et elle remplace la couche épithéliale qui représente la muqueuse.

Je dois à l'obligance de notre honoré collègue, le docteur Belluzzi, d'avoir pu étudier l'utérus gravide d'une femme morte au septième mois. La fig. 3 de la P. x. représente une section verticale de la surface utérine du placenta. A la lett. *a*, *a*, on voit une couche de cellules fusiformes énormes, munies en parties de courtes appendices. Elles montrent une couche hypertrophique et hyperplasique de cellules de tissu connectif utérin, dont on ne peut pas dire, s'il appartient à la matrice ou s'il est en voie de se transformer en caduque sérotine. Il est certain que, lorsque dans l'accouchement, le placenta se détache, sa séparation de l'utérus se fait normalement à l'endroit de cette même couche.

En examinant des placentas normaux après leur expulsion, et plaçant sous le microscope les couches plus extérieures de la substance grise d'apparence gélatineuse qui couvre leur face utérine, les cellules fortes délicates qui composent cette couche se déforment, de sorte qu'en les observant ainsi, Robin notait, avec raison, leur remarquable hypertrophie et leurs formes les plus variées rappellant toutes celles des prétendus éléments du cancer ; d'autant plus que, dans l'observation, il soumit au microscope la pulpe obtenue par la raclûre. De sorte qu'il dut nécessairement détacher aussi des grosses cellules rondes à grands noyaux qui forment une seconde couche, (P. x., fig. 3., lett. *b*, *b*,) c'est-à-dire la couche propre de la sérotine.

Cette couche cellulaire, dont les cellules sont maintenues rapprochées par des corpuscules interposés de tissu connectif de la couche inférieure décrite, présente la forme d'une élégante mosaïque, par suite de métamorphoses remarquables et rapides que subissent les cellules de la sérotine. Elles se transforment en cellules de tissu fibreux autour des vaisseaux utéro-placentaires, (fig. 3, lett. *i*) ; et elles subissent la même transformation en fonctionnant, comme de véritables parois veineuses. Autour des sinus veineux qui apportent le sang du placenta à l'utérus, (lett. *h*.,) elles s'adossent aussi aux villosités choriales et elles ont tout autour une paroi de tissu fibreux très-délicat qui est la paroi de l'organe glandulaire. Car, dans sa paroi interne, on voit élaborées les cellules lactées de la matrice, (lett. *g*.).

Dans les coupes heureuses de la base du placenta on observe que, là où les villosités sont extérieurement recouvertes par les cellules de la sérotine, changées en tissu fibreux, elles se continuent dans l'intérieur, c'est-à-dire dans la sérotine même, avec les cellules lactées de la surface interne. Bref, la surface interne de la couche cellulaire de la sérotine se continue avec la couche interne de la paroi qui entoure les villosités.

A la base interne du placenta les cellules de la sérotine

sont transformées en cellules fibreuses fort apparentes, et constituent un tissu fibreux assez diaphane, (lett. *c*, *c*). En quelques endroits de la figure qui le reproduit, on distingue encore enchâtonées les grosses cellules rondes de la sérotine. On aperçoit aussi clairement, dans la même figure, que les cellules de la sérotine (lett. *d*, *d*.), se changent en tissu fibreux et recouvrent les villosités par des cellules fibreuses apparentes. Si plus haut, dans la membrane externe des villosités on ne distingue plus les éléments fibreux, à cause de sa grande diaphanité, on les voit pourtant à la place indiquée, qui est la continuation de celle qui recouvre les villosités dans leurs plus petites diramations. Les éléments cellulaires ou fondamentaux de l'organe glandulaire tapissent ainsi toute la surface interne de l'enveloppe fibreuse que la sérotine fournit aux villosités, (P. x fig. 2 , lett. *b*, *b*.).

Les villosités en grossissant et en multipliant leurs diramations, et le volume du placenta augmentant en même temps, les anses vasculaires qui se forment poussent en avant la paroi primitive de la branche vasculaire ou villosité primordiale, et on a la paroi externe qui entoure complètement les villosités. De cette manière l'organe glandulaire recouvre et enveloppe les diramations des villosités dans toute leur extension.

En arrivant près du chorion, les parois de l'organe glandulaire, que la sérotine fournit aux villosités. subissent d'autres modifications. De granuleuses qu'elles étaient, les cellules internes deviennent transparentes, leur forme qui était ovale s'arrondit, et elles remplissent toute la cavité interne du tube glandulaire qui contient les vaisseaux (P. x., fig. 1., lett. *d*.). Très-rapprochées et en contact avec le chorion elles se transforment en cellules fibreuses qui fixent fortement, comme des gros cordons tendineux, les vaisseaux au chorion, (lett. *e*, *e*.). Ceci explique pourquoi les anatomistes pensaient que le chorion fournit une membrane aux vaisseaux. D'autres paraissent avoir été dans le vrai en disant que la sérotine se plongeait dans l'intérieur du placenta, et que la structure cellulaire, indiquée pour sa surface utérine (P. x., fig. 3., lett. *b*, *b*.), se montre encore inaltérée sur la surface interne du chorion qui adhère à la surface fœtale du placenta, (P. x., fig. 1., lett. *f*, *f*).

Les modifications que j'ai toujours notées à l'état normal dans les cellules internes de l'organe glandulaire près du chorion (P. x., fig. 1., lett. *d*,), je les ai vues aussi, dans quelques cas de placentas morbides, vers la base ou face utérine du placenta. Les grosses cellules, presque épithéliales, qui remplissent la cavité interne des villosités, près du chorion prolifèrent dans quelques cas pathologiques d'une manière aussi remarquable, sur toute l'étendue des villosités, qu'elles empêchent le sang de circuler dans leurs vaisseaux et dans leur intérieur. On voit des vaisseaux presqu'oblitérés, tandis que d'autres ont même disparu.

En observant au microscope des placentas ainsi malades, on les voit comme formés d'autant de tubes serrés les uns contre les autres. Leurs parois sont constituées par les organes glandulaires des villosités vasculaires, en grande partie atrophiées par l'énorme prolifération des cellules, qui s'est faite dans la paroi interne de l'organe glandulaire. La dilatation des tubes est, dans quelques endroits, si notable que leurs parois extérieures se touchent réciproquement, et qu'elles ne laissent plus de place pour le sang de la mère, qu'en effet on n'aperçoit plus.

Je parle de cette seule lésion pathologique du placenta,

parce qu'elle confirme, à souhait, la structure normale des villosités placentaires de l'espèce humaine. Et j'indique ainsi la différence capitale du placenta humain avec celui des animaux. Chez ceux-ci nous avons vu que c'est toujours une transformation de la muqueuse utérine qui donne lieu à la formation de l'organe glandulaire ou portion maternelle du placenta, sans qu'il s'éloigne des formes typiques ordinaires des organes glandulaires plus simples. Dans l'espèce humaine, au contraire, ce n'est pas une transformation ou un perfectionnement de parties préexistantes; mais la néoformation d'un tissu tout-à-fait spécial, celui de la sérotine, qui produit un organe glandulaire, lequel, s'il en a les caractères fondamentaux, s'éloigne pourtant des formes typiques des organes glandulaires des animaux.

De ces faits il en découle un autre qui constitue, lui aussi, une particularité différentielle entre le placenta humain et celui des animaux.

Chez ces derniers, l'organe glandulaire naît donc d'une transformation et d'une expansion de la membrane muqueuse préexistante, avec hypertrophie et hyperplasie du tissu unitif et des vaisseaux sous-muqueux. Il en résulte que chaque villosité du placenta est toujours séparée d'une autre par les parois de chaque follicule qui la reçoit, et par le tissu connectif hypertrophique interposé aux follicules, au milieu duquel courent les vaisseaux nourriciers qui servent à la sécrétion de l'organe glandulaire. Par conséquent, chez les annimaux, les villosités du placenta fœtal sont seulement et exclusivement en contact direct avec l'humeur sécrétée par l'organe glandulaire : dans l'espèce humaine, il a été, en tout temps, plus ou moins bien établi, que les villosités du placenta fœtal baignent dans le sang maternel.

Ce que je viens d'exposer sur la structure anatomique des villosités doit nécessairement modifier l'idée qu'on s'en fait en général. En effet, le sang maternel baigne directement la paroi extérieure de l'organe glandulaire fourni aux villosités par la sérotine.— Comment cela se fait-il ? — Dans la P. x., fig. 1., *g*, *g*, *g*, j'ai représenté les cavités ou grandes lacunes qu'on rencontre sur la portion interne de la surface uterine du placenta, ainsi que dans toute son épaisseur jusqu'à la surface du chorion, et qui, pleines de sang, comme dans la figure, et réunies entr'elles par des communications, constituent les sinus placentaires, où nagent les villosités entièrement entourées par l'organe glandulaire.

Quant au mode suivant lequel les vaisseaux utéro-placentaires s'anastomosent entr'eux pour former dans le placenta ces sinus veineux, il est encore compris par les anatomistes de manières très-différentes.

J'ai signalé les nombreuses et grandes cavités qu'on voit facilement dans les parties internes du placenta humain, pour démontrer que les parois externes de l'organe glandulaire, qui entourent toutes les villosités, sont continuellement baignées par le sang maternel. Mais cette même observation m'amène à croire que les artères utéro-placentaires débouchent directement dans les lacunes du placenta de la manière que je décrirai bientôt. Je n'ai cependant pas encore pu recueillir des observations sûres qui me démontrent dans quelle portion du placenta cela arrive et comment agissent les artères aux endroits où elles s'ouvrent. Pour le moment je voulais établir que dans le placenta humain les vaisseaux se comportent tout différemment de ce qu'on observe chez les animaux. Car chez eux les parois externes de l'organe glandulaire ne sont jamais baignées directement par le sang de la mère, et les vaisseaux utéro-placentaires se distinguent, avec facilité, dans tous les points du tissu connectif des placentas sectionnés, (P. VIII., fig. 1 et 2., lett. *g*, *g*).

Les plus illustres anatomistes n'ayant pas saisi la différence fondamentale, qui existe entre le placenta humain et celui des animaux, et s'étant servi souvent de celui des uns pour expliquer celui des autres, sont tombés nécessairement dans des contradictions et dans des erreurs qui furent la cause de confusions graves et inévitables. Ce jugement sévère sur des observateurs aussi respectables me sera pardonné si je rapporte les paroles précises du célèbre Bischoff :

« Hunter avait dit : de même que la caduque recouvre le » restant de la surface de l'œuf, elle le recouvre aussi en » caduque réfléchie à l'endroit ou se forme le placenta; » avec le temps elle prend un développement considé- » rable au même endroit et elle y forme de nombreuses » cavités à parois très-minces, dans lesquelles s'insinuent » les villosités de la partie fœtale du placenta. Il ajoutait » que les artères et les veines utérines aboutissent à ces » petites cellules ou cavités sans se ramifier ou ne se rami- » fiant que peu. Ces dernières se trouvent donc toujours » pleines de sang amené d'un côté par les artères et » de l'autre par les veines. Les recherches postérieures » de Weber s'accordent avec celle de Hunter sur les » points essentiels, avec cette seule différence que Weber » nomme origine des veines ou sinus veineux ce que l'ana- » tomiste anglais appelle cellules de la caduque. Par consé- » quent, si dans les autres parties du corps, les artères se » divisent en branches de plus en plus tenues pour se conti-

» nuer, par l'intermédiaire du réseau capillaire, avec les
» racines également tenues des veines ; dans le placenta,
» selon Weber, les artères utérines se continuent, sans four-
» nir de ramifications arborescentes, avec lès origines assez
» amples des veines, qui, s'anastomosant entr'elles souvent
» et sur tous les points, paraissent former ainsi un système
» de petites cavités, d'où le sang passe ensuite par des troncs
» veineux dans les artères utérines. Les parois des veines
» sont extrêmement minces dans le placenta ; elles se rédui-
» sent à la seule tunique interne, et, lorsqu'elles ne contien-
» nent pas de sang, elles se contractent de manière qu'elles
» deviennent presqu'invisibles. Les villosités du chorion
» constituant le placenta fœtal, qui se divisent en ramifica-
» tions excessivement tenues, pénètrent dans les sinus
» veineux, où la tunique délicate des veines leur fournit
» une enveloppe en forme de gaîne : de manière qu'elles
» sont toujours baignées par le sang maternel. Or comme
» le sang du fœtus parcourt un long trajet fort sinueux,
» à travers les villosités, les deux sangs trouvent des
» occasions fréquentes pour échanger réciproquement les
» matériaux ».

La description de Weber, reproduite par Bischoff, a été presque généralement admise dans les temps modernes,. Elle s'accorde avec les observations de Blokham, de Knok (1), de Reid et de Coste. Cependant les recherches d'Eschricht soulevèrent des doutes à son égard. En se fondant sur l'étude de la structure placentaire des mammifères, où les deux sangs de la mère et du fœtus semblent toujours être conduits, l'un vers l'autre par des vaisseaux capillaires, il

(1) London Gazette. 1840.

conclut que dans l'espèce humaine, aussi, deux réseaux de vaisseaux capillaires entrent continuellement en contact, et que les artères utérines se continuent avec les veines du même nom, moyennant un réseau capillaire aussi mince que celui qui existe entre les artères et les veines ombilicales. Il croit que des prolongements en forme de plis de la caduque pénètrent dans l'intérieur du placenta, entre les ramifications du chorion et les revêtent d'une membrane assez mince, qui sert de soutien au réseau capillaire placé entre les artères et les veines utérines.

Ce réseau a été imaginé, mais il n'a pas été vu ; et la doctrine d'Eschricht ne trouva pas de partisans. D'autant plus qu'une inspection, même superficielle, du placenta humain montre dans son intérieur les grands sinus pleins de sang, au milieu desquels nagent les villosités. Bischoff, ainsi que je viens de le dire, tentait, pour cela, de rapprocher les doctrines de Hunter et de Weber ; et il avait raison. Quant à moi, il me suffit, pour le moment, d'avoir établi que ces hommes illustres ont été forcés d'admettre, pour les vaisseaux maternels du placenta, une terminaison différente de la terminaison normale et ordinaire.

Malgré toute ma bonne volonté pour me faire une idée claire et précise de la doctrine de Weber sur la circulation du sang maternel dans le placenta, je n'ai jamais pu réussir, je l'avoue franchement, à comprendre comment il pouvait arriver, que les villosités du placenta fœtal soient baignées par le sang des sinus veineux, puisqu'en admettant, avec l'illustre auteur, une paroi aussi mince qu'on puisse l'imaginer dans les veines placentaires dilatées, on ne peut pas se persuader que les villosités la traversent, et se mettent, ainsi, en contact avec leur sang (1). Si l'auteur voulait dire que les parois veineuses très-délicates se replient sur les villosités en les enveloppant d'une espèce de gaîne, les parois des vaisseaux des villosités fœtales ne se trouveraient nécessairement plus en contact direct avec le sang maternel, mais bien avec la paroi du vaisseau qui les contient, et il ne pourrait plus se former des cellules et des lacunes qui sont assez facilement visibles.

Les recherches que j'ai souvent répétées pour suivre les vaisseaux utéro-placentaires, tant veineux qu'artériels, au delà de la sérotine, sont restées sans succès ; quoique le diamètre des uns et des autres soit très-remarquable et les rendent par conséquent assez facilement visibles dans la dite membrane, (P. x., fig. 3, lett. *h*, *i*.). Je suis donc disposé, ainsi que j'ai dit plus haut, à considérer comme exacte l'observation de Farre, que les artères utéro-placentaires s'ouvrent directement dans les sinus du placenta. Mais cette affirmation mérite, à mon avis. d'être mieux étudiée et plus éclaircie. Car si ces artères s'ouvraient à la surface interne de la sérotine où existent aussi les orifices des grosses veines utéro-placentaires, il en résulterait un épanchement de sang dans les grandes cavités ou lacunes du placenta, et il s'y ferait un mélange continu du sang artériel de la mère avec celui qui serait devenu veineux.

(1) J'ai la bonne fortune de posséder le Mémoire de Weber : « Zusatze zur Lebre vom Baue und verichtungen der Geschlechtsorgane. Leipzig 1846. » qui a appartenu à Eschricht, et j'y trouve soulignées au crayon les paroles suivantes contremarquées en outre par un point d'exclamation : « In diese Mutterblut » führenden canale insinuiren sich die zarten, gefassreichen, von Embryoblute » durchstromtem Zotten des Kindestheils der placenta, sie hangen daher in diese » Canale hinein und werden vom vorbeistromenden Mutterblute umspult. » Les incertitudes d'Eschricht confirmèrent les miennes, sans me convaincre cependant de l'existence des très-fines anastomoses qu'il avait imaginées.

Je crois que la chose se passe effectivement ainsi, et j'espère que l'occasion ne manquera pas de le démontrer, en complètant ces observations. Par ce fait le souffle placentaire serait expliqué d'une manière simple et claire, et on se rendrait compte aussi d'une autre observation faite par quelques anatomistes qu'en injectant des utérus humains gravides, les matières colorantes passent assez facilement, si on opère du fœtus à la mère ; mais que le contraire arrive, si on injecte de la mère au fœtus. Dans le premier cas, en lacérant quelque villosité, la matière colorante qui s'épanche dans les sinus placentaires communiquant entr'eux, et qui de là s'insinue, aussi facilement, dans les orifices des gros vaisseaux utéro-placentaires, passe, sans obstacle, dans l'utérus.

Je ne connais pas d'autre exemple de circulation lacunaire dans quelque organe des animaux supérieures; et il me paraît que celle du placenta humain mérite d'être signalée à l'attention des observateurs.

L'existence des vaisseaux utéro-placentaires, bien que niée autrefois, n'est plus révoquée en doute par personne aujourd'hui. Il peut rester quelque doute sur leur genèse ou sur leur mode de formation ; et je ne prétends pas résoudre d'une manière péremptoire cette question. Je dirai seulement que, dans l'étude de la muqueuse utérine d'une chienne presqu'à terme je fus agréablement surpris de trouver un exemple vraiment splendide pour démontrer la riche et abondante gênèse de nouveaux vaisseaux par la transformation vasculaire de corpuscules du tissu connectif. C'est un fait qu'on observe à première vue et que j'ai représenté à la P. II., fig. 1., lett. *d*, *d*. La démonstration de la genèse de nouveaux vaisseaux, par le mode que je viens d'indiquer, ne sert pas seulement à faire comprendre ces vaisseaux, mais elle s'applique aussi avec utilité à plusieurs autres questions d'anatomie normale ou pathologique, et elle fournie un nouvel et important argument à ceux qui, comme moi, croient que les corpuscules du tissu connectif sont doués d'une paroi spéciale.

En tout cas, la facilité d'une part, avec laquelle on reconnaît dans les sections verticales de la sérotine, les coupes transversales des artères utéro-placentaires, (P. x., fig. 3., lett. *i*) et les larges plis des veines, (lett. *h.*,) du même nom, et leur absence totale dans les portions de sérotine, qui vont se confondre avec les cellules dont se compose le chorion, (P. x., fig. 1., lett. *f*, *f*.); et, d'autre part, la démonstration aisée des grands sinus pleins de sang dans l'intérieur du placenta, où nagent les villosités, (P. x., fig. 1., lett *g*,*g*.); puis l'impossibilité dans laquelle on a toujours été de démontrer le réseau capillaire des vaisssaux utéro-placentaires dans le placenta ; enfin les affirmations de Farre, et les faits nombreux que je viens d'exposer, amènent à la persuasion que la circulation lacunaire, que j'ai indiquée plus haut, s'opère dans le placenta.

Mon but était d'établir un fait seulement, et ce fait est que la portion maternelle du placenta des vertébrés mammifères et de l'espèce humaine a toujours une structure glandulaire.

Maintenant, je me résumerai en coordonnant les choses que j'ai dites à ce propos dans les conclusions qui vont suivre.

# VII

I

# CONCLUSIONS

SUR LES

## Glandes utriculaires et la muqueuse de l'utérus.

---

La muqueuse utérine de la femme et de quelques animaux, de la jument par exemple, est représentée par de simples couches épithéliales.

De petites et étroites introflexions de la couche épithéliale, chez quelques animaux, ou chez d'autres des élévations du tissu connectif sous-épithélial, avec de nombreuses inflexions qui forment les replis de la muqueuse de la surface interne de l'utérus, ne suffisent pas à établir des différences réelles entre la muqueuse utérine des mammifères et celle de la femme, ou, moins encore, à faire croire, ainsi que le pensent d'illustres anatomistes, que l'utérus de la femme n'ait pas de véritable muqueuse.

Les glandes utriculaires de l'utérus sont ordinairement nombreuses et s'ouvrent dans la couche épithéliale de la muqueuse; soit qu'elle se montre totalement inséparable du tissu utérin, soit qu'on la rencontre soulevée comme une membrane particulière et disposée en plis plus ou moins saillants, simples ou largement festonnés.

Les grands replis, avec leurs nombreuses excavations à festons de la muqueuse utérine, représentent d'énormes follicules glandulaires qui peuvent remplacer les glandes utriculaires. Ce fait se remarque plus souvent chez certains animaux, où manquent les glandes utérines. D'illustres anatomistes ne les observèrent pas dans la matrice des rats, et je me suis assuré qu'elles n'existent pas non plus dans celle de la lapine. L'absence des glandes utriculaires dans la matrice de certains animaux à placenta unique, est une circonstance remarquable; car elle infirme l'assertion de ceux qui ont prétendu que les mêmes glandes jouaient un rôle important dans la formation du placenta chez les susdits animaux.

Chez les animaux où les glandes utérines ont été étudiées avec attention, on note, en les comparant, des différences assez remarquables, tant sous le rapport de leur forme, qu'à l'espèce d'épithélium qui tapisse leur cavité.

Après les observations de Sharpey et de Weber, il a été admis dans la science, comme fait démontré, que dans la matrice de quelques animaux, tels que la chienne et la chatte, il existe deux espèces de glandes utérines, qui, à cause de leur forme et de leur volume, ont été nommées simples et rameuses. Je n'ai pas observé ces deux espèces de glandes dans la chienne, et j'ai démontré que chez la chatte ce sont les mêmes glandes qui peuvent notablement varier de volume. Du reste, on remarque des petites différences qui ne sont pas aussi sensibles dans les glandes utriculaires de l'utérus chez tous les animaux et même dans l'espèce humaine. Par conséquent, il en ressort l'erreur des anatomistes et des physiologistes, qui prétendaient que ces deux espèces de glandes avaient une double fonction très-différente, cest-à-dire la secrétion du mucus utérin pour les simples, et la participation à la formation du placenta pour les rameuses.

Cependant, j'ai observé deux espèces réellement distinctes de glandes utérines dans la vache et la brebis : les utriculaires ou rameuses, de volume quelque peu variable, mais toujours beaucoup développées; et les simples toujours minimes, provenant d'inflexions étroites et sinueuses de la surface épithéliale de la muqueuse.

Comparées entr'elles, ces mêmes glandes peu développées, que pour les distinguer des autres j'ai appelé follicules glandulaires, présentent des différences notables par rapport à leur largeur et à leur longueur. Elles se trouvent dispersées sur toute la surface interne de l'utérus et sont constamment agglomérées dans les endroits correspondants aux cotylédons, qui, dans l'utérus non gravide, se montrent recouverts par une couche mince, unie et compacte d'épithélium, qui représente la forme la plus simple de la muqueuse utérine, comme chez la femme.

Chez la lapine, au lieu de glandes utriculaires, on trouve sur toute la muqueuse utérine, des follicules glandulaires nombreux et fort courts, qui ne sont que des inflexions de la couche épithéliale, représentant aussi chez ces animaux la muqueuse de l'utérus. Dans ce cas, la seule différence qui existe est que la surface interne de la muqueuse ne se montre pas aussi lisse et aussi unie que chez la femme.

Chez tous les animaux où existent les glandes utriculaires utérines, ainsi que chez la femme, elles augmentent de volume pendant la grossesse. Les follicules glandulaires aussi augmentent de volume dans la gestation de la vache.

Le développement des follicules glandulaires de l'utérus gravide des lapines est plus remarquable encore, et il a une signification et une importance bien plus grandes. Aux endroits où s'arrêtent les œufs après leur fécondation, les follicules augmentent de volume et se transforment en organe glandulaire ou portion maternelle du placenta. Dans les portions de cornes utérines qui restent vides, le développement des follicules provoque l'élévation de la muqueuse sous forme de plis remarquables; ils paraissent destinés à remplacer, pendant la grossesse, les fonctions des glandes utriculaires qui manquent dans ces animaux.

Dans le cas où le placenta est villeux ou diffus, comme chez la jumemt, toutes les glandes utriculaires, même lorsque l'organe glandulaire ou portion utérine du placenta est formée, versent directement l'humeur qu'elles élaborent dans l'espace compris entre le chorion et la matrice.

La surface interne du chorion de ces animaux est recouverte d'une couche épithéliale qui revêt aussi la base des touffes de ses villosités et se continue avec l'épithélium qui les couvre. La couche épithéliale plus extérieure du chorion peut représenter la caduque utérine chez la jument.

Lorsque le placenta est multiple, comme chez les ruminants et plus notamment chez la vache, les glandes utriculaires utérines, qui ne correspondent pas aux cotylédons, versent également leur humeur entre le chorion et l'utérus. La couche épithéliale qui forme la caduque de cet animal, est un peu plus remarquable que chez la jument. Les glandes utriculaires qui existent dans les cotylédons, dits rudimentaires de l'utérus non gravide, ainsi que les follicules glandulaires agglomérés dans ces parties de la matrice, vont probablement s'ouvrir dans le fond des élévations caliciformes qui constituent la portion glandulaire, de néoformation, des cotylédons de l'utérus gravide. Le petit nombre de glandes utriculaires à cet endroit, l'exiguité des follicules muqueux, et, plus encore, l'amincissement des parois des glandes, la transparence et la métamorphose de leur épithélium ne me laissèrent jamais voir le point précis de leur orifice dans l'intérieur de l'organe glandulaire. Les glandes et les follicules, que les sections transversales font voir clairement dans le pédicule du cotylédon, se distinguent mal et incomplètement dans les sections verticales et ils se distinguent d'autant moins qu'on est plus près de la surface du pédicule où se forme l'organe glandulaire.

Si le placenta est unique et s'il existe des glandes utriculaires, comme chez les carnivores, celles qui correspondent à l'endroit où se forme le placenta s'ouvrent dans la partie inférieure ou culs-de-sac des néo-follicules glandulaires, qui ne sont que des plis festonnés de la muqueuse utérine transformée en organe glandulaire. Dans le restant de la matrice même chez les bêtes, les glandes utriculaires versent l'humeur secrétée, entre l'utérus et le chorion.

La caduque utérine de la femme, ainsi que les caduques dites cataméniales sont un produit des matériaux élaborés par les glandes utriculaires. Conséquemment, la caduque ne peut pas être considérée comme un gonflement de la muqueuse utérine, et, encore moins, comme résultant des extrémités des mêmes glandes, du tissu connectif et des vaisseaux qui les entourent ; ainsi que l'ont dit Weber et Bischoff. Les nombreuses ouvertures ou trous qui donnent l'apparence d'un crible à la caduque utérine de l'espèce humaine, n'indiquent que les points correspondants aux orifices qui restent précisément ouverts pour laisser passer, sans cesse, le produit de leur secrétion.

Chez la vache aussi existe la caduque utérine bien que plusieurs auteurs en aient nié l'existence, à cause de son exiguité. Elle a la même origine que la caduque humaine, mais, parce que dans la vache, outre qu'elle est mince, elle est accolée au chorion et non à l'utérus, comme chez la femme, on n'y remarque pas les nombreux pertuis qu'on constate dans cette dernière. Dans la caduque vaccine, au lieu de trous, il y a un épaississement de quelques éléments secrétés par les glandes aux points correspondant à leurs orifices, et qui s'infiltrent jusqu'au chorion. Burkardt leur a donné le nom de squamelles choriales. Ces faits opposés confirment le fait fondamental concernant l'origine et la structure de la caduque utérine.

Dans aucune espèce d'animaux, quelle que soit la forme du placenta, les villosités du chorion ne pénètrent dans les glandes utriculaires de l'utérus, ainsi que quelques anatomistes l'ont prétendu et enseigné.

La constante augmentation du volume des glandes utriculaires pendant la grossesse, tant chez les animaux que dans l'espèce humaine, ne laisse pas mettre en doute qu'elles ont une fonction importante à remplir pour la vie du fœtus. Pour le moment il me paraît fort raisonnable de supposer que leur fonction principale est celle de fournir les matériaux pour sa nutrition, avant le développement du nouvel organe glandulaire qui constitue la portion maternelle du placenta, chez tous les mammifères et dans l'espèce humaine.

Bien que l'humeur secrétée par les glandes utriculaires ne se mélange pas toujours à celle qui est élaborée par le placenta maternel, comme chez les carnivores, l'observation incontestable de ce fait, chez les animaux, laisse raisonnablement supposer que quelque élément nutritif important est fourni par ces glandes, pour la nutrition et la croissance du fœtus. Et cela avec plus de vraisemblance encore, si l'on pense au très-grand nombre de ces mêmes glandes, à leur constante augmentation de volume dans la grossesse, et à la remarquable quantité d'humeur qu'elles séparent chez quelques animaux, ainsi que chez la jument, entre le chorion et l'utérus; et enfin si l'on tient compte de ce que toute la muqueuse utérine augmente de volume pendant la gestation et multiplie ses excavations ou festons, qui représentent des follicules énormes chez les animaux où manquent les véritables glandes utriculaires.

II

# CONCLUSIONS

## sur l'organe glandulaire de néoformation

## ou portion maternelle du placenta

## chez les mammifères et dans l'espèce humaine.

---

Dans l'utérus de tous les mammifères, ainsi que dans celui de la femme, il se forme pendant la grossesse un nouvel organe glandulaire, dans les cavités duquel pénètrent toujours les villosités du chorion.

Le placenta est donc toujours formé de deux parties entièrement distinctes par la structure et par la fonction : la portion fœtale, vasculaire ou absorbante, et la portion maternelle, glandulaire ou secrétante.

Le sang de la mère apporte toujours les éléments pour la néoformation et pour la secrétion de l'organe glandulaire ou placenta maternel. En aucun cas, les vaisseaux maternels ne s'entre-croisent et viennent en contact avec ceux du fœtus ; ou, en d'autres termes, les parties constituant le placenta fœtal sont toujours en contact avec l'humeur élaborée par le nouvel organe glandulaire et baignéee par elle.

La doctrine, universalement admise par les physiologistes, de la nutrition fœtale au moyen d'un échange de matériaux par des procédés d'endosmose et d'exosmose entre les vaisseaux de la mère et ceux du fœtus tombe devant les observations des faits. De même que dans les premiers temps de la vie extrautérine l'enfant se nourrit du lait maternel absorbé par les villosités intestinales, de même pendant la vie intrautérine le fœtus trouve sa nourriture dans l'humeur ou le lait de l'utérus secrété par l'organe glandulaire et absorbé par les villosités choriales.

Les recherches anatomiques ont fait découvrir le fait brut. La physiologie et la chimie feront connaître les secrets de la fonction.

Le nouvel organe glandulaire ou la portion maternelle du placenta se développe à diverses périodes de la grossesse dans les différentes espèces d'animaux. Dans le cas où le placenta est diffus, comme chez les solipèdes, il apparaît sur toute la surface interne de l'utérus. Il se développe sur quelques points circonscrits, lorsque le placenta est multiple, ainsi que chez les ruminants. Enfin il se forme au seul endroit, où l'œuf s'arrête, quand le placenta est unique, comme chez les rongeurs, les carnivores et dans l'espèce humaine.

La forme du même organe se modifie, dans son développement, selon les différentes formes du placenta, mais il ne change pas, chez les animaux, les types les plus simples des organes glandulaires des individus adultes. Bref, chez les animaux, l'organe glandulaire ou placenta maternel conserve toujours la forme d'un follicule glandulaire ouvert. La forme typique des organes glandulaires les plus simples manque dans l'espèce humaine.

La cause anatomique des différences entre les animaux et l'espèce humaine consiste en ce que, chez les animaux, le nouvel organe glandulaire, ou placenta maternel, résulte d'une modification et d'une transformation de la muqueuse utérine préexistante ; tandis que chez la femme, la même portion du placenta se forme par un stroma, qui est lui même une néoformation, et une élaboration du tissu connectif, de la surface interne de l'utérus. Ce stroma est connu des anatomistes sous le nom de caduque sérotine.

La forme la plus simple de l'organe glandulaire ou placenta maternel est celle des follicules simples serrés les uns contre les autres et tapissant toute la surface utérine interne qu'on observe chez les bêtes à placenta disseminé, comme je l'ai démontré dans la matrice de jument à terme.

Chez les animaux à placenta multiple, tels que les ruminants, et, plus notamment chez la vache, jusqu'à présent on n'avait pas distingué d'une manière claire, la partie stable ou permanente des cotylédons utérins, de la portion glandulaire de néoformation, c'est-à-dire de la caduque, qui disparaît après l'accouchement et qui ne se développe sur la partie permanente des cotylédons que pendant la gestation. Les portions stables qu'on observe même dans les fœtus, et qu'on nomme cotylédons rudimentaires, n'indiquent que les endroits où se développeront, pendant la grossesse, les portions maternelles ou glandulaires du placenta.

Dans la vache la nouvelle portion glandulaire du cotylédon, qui se développe pendant la grossesse, conserve la forme d'une aggrégation de simples follicules glandulaires ouverts. Pourtant, si on les compare avec les cotylédons de la jument, ils n'ont de différent que les rapports de réunion et de position dans la matrice. Chez la vache ils ne sont pas simplement des follicules glandulaires rapprochés les uns des autres ; mais ils sont superposés les uns aux autres, et ils ne se développent pas sur toute la surface utérine, mais seulement sur les portions dites cotylédons utérins de la matrice non gravide. Ils ne sont plus verticaux comme les premiers ; mais parallèles à la ligne formée par la surface utérine. Ils ne s'ouvrent pas non plus isolément, ni directement dans la cavité de la matrice ; mais ils le font indirectement au moyen d'une grande ouverture qui correspond à une cavité interne dans laquelle débouchent en commun plusieurs follicules.

Il reste encore à chercher comment et par quel procédé hystogénique se développe la partie nouvelle et glandulaire des cotylédons. Il reste aussi à chercher comment et à quelle époque de la grossesse se forment les follicules glandulaires dans l'utérus gravide des solypèdes. Les observations faites sur les carnivores, et que je vais décrire, laissent supposer comment se forme et comment se détruit, après l'accouchement, la nouvelle portion glandulaire tant chez les juments, que chez les vaches.

Chez les animaux à placenta unique, tels que les rongeurs et les carnivores, l'organe glandulaire se modifie notablement par les formes qu'il prend, sans perdre celles qui appartiennent au type fondamental et simple d'un follicule. Les modifications qu'il subit ne se rapportent qu'à la longueur et à la marche extrêmement sinueuse des follicules glandulaires, et aux communications multiples qu'ils ont entr'eux. Cependant le cul-de-sac de chaque follicule du côté utérin du placenta, et leur orifices vers la surface fœtale sont toujours faciles à observer. Dans tous les cas, les villosités choriales du placenta fœtal pénètrent par des orifices dans l'intérieur des follicules; seulement, quand le placenta est unique, le chorion adhère à sa surface fœtale.

Les différences que je viens d'indiquer dans le nouvel organe glandulaire de la matrice des mammifères selon les diverses formes du placenta, rappellent et représentent, à un plus haut degré de développement, les différences décrites dans la muqueuse de l'utérus non gravide. Les enfoncements petits et étroits, qu'on rencontre dans l'épithélium de la muqueuse de quelques animaux, sont reproduits en grand par la structure et la disposition du placenta maternel, chez les solipèdes. De même, l'élévation en replis de la muqueuse avec de nombreux et larges enfoncements latéraux, que nous avons remarqués dans d'autres animaux, est représentée, sous une forme plus complexe, par la portion glandulaire des cotylédons de la vache gravide. D'autre part les longs et sinueux follicules de la portion maternelle glandulaire du placenta unique de quelques animaux ne représentent aussi qu'une augmentation notable des follicules et des enfoncements préexistants dans la muqueuse utérine d'autres animaux.

La portion maternelle du placenta reste intacte dans l'utérus pendant l'accouchement ; et elle se détruit ensuite peu à peu, dans les cas où le placenta est disséminé ou multiple. Chez la jument, il n'en reste aucune trace sur la surface interne de la matrice non gravide. Chez la vache, elle préexiste à la grossesse ; après l'accouchement on trouve les traces des endroits où s'était formé le nouvel organe glandulaire et où il se formera encore dans les grossesses successives. La trace de ces endroits est connue sous le nom de cotylédons rudimentaires mêmes dans les matrices des fœtus.

Dans le cas où le placenta est unique, la portion de la matrice, qui était occupée par le placenta, reste, après l'accouchement, recouverte par une muqueuse grossie et entourée, sur les côtés par des replis très-élevés. Cette muqueuse grossie, assez large et un peu raboteuse. quelques heures après l'accouchement, apparaît soulevée en plusieurs replis très-rapprochés, trois jours après. Les changements doivent être attribués au retour de la matrice à son état normal. Dans l'accouchement, il ne se détache que la portion des élévations de la muqueuse qui s'étaient transformées pour constituer le nouvel organe glandulaire ou placenta maternel. La portion de la muqueuse restée dans la matrice et dont j'ai décrit les changements, se détruit, elle aussi, peu à peu et entièrement par dégénérescence graisseuse. Trente jours après la parturition je l'ai trouvée complètement disparue de la matrice d'une chienne.

Chez l'espèce humaine seulement il y a chute et expulsion totale de l'organe glandulaire dans l'accouchement. Par conséquent chez la femme seule se fait une lésion traumatique étendue de l'utérus à cause de la lacération des parties qui laissent à nu le tissu utérin dans toute la portion qui avait été recouverte par le placenta. Chez les animaux à placenta unique, cette lésion est limitée au tissu unitif des replis de la muqueuse qui a suivi l'élévation et la croissance des follicules de nouvelle formation Les contractions utérines, le rapprochement des parties et la diminution de volume de l'utérus, apportent un soulagement prompt et efficace à cette légère lésion. L'anatomie explique par ces faits la condamnation que la Bible a prononcée contre la femme : « Tu enfanteras dans la douleur. »

Dans l'organe glandulaire ou placenta maternel de la femme, on observe des différences importantes qui l'éloigne du type commun aux animaux. Chez la femme ce n'est pas la muqueuse utérine qui se perfectionne, comme chez les animaux, pour former l'organe glandulaire, mais l'organe provient de la néoformation d'une couche constituée de grandes cellules fournies par le tissu connectif sous-muqueux de l'utérus, connue des anatomistes sous la dénomination de caduque sérotine. Les grandes cellules indifférentes de la sérotine sont le stroma où prend origine la portion maternelle ou glandulaire du placenta.

Les parties fondamentales et typiques des tissus glandulaires se maintiennent dans la portion maternelle du placenta de la femme. Toutes les parties accessoires, c'est-à-dire, celles qui se rapportent à la forme d'un follicule glandulaire simple, disparaîssent complètement.

La structure cellulaire de la sérotine qui coiffe la face utérine du placenta s'observe aussi facilement sur sa face fœtale recouverte par le chorion, où les cellules de la sérotine se fondent dans le tissu unitif. Il est donc démontré d'une manière évidente que la sérotine pénètre dans l'intérieur du placenta.

Là les cellules de la sérotine se transforment sur divers points en vrai tissu fibreux, et plus spécialement pour circonscrire les grandes lacunes du placenta qui contiennent le sang maternel. La même transformation a lieu dans l'épaisseur de la sérotine pour fournir une paroi solide aux veines utéro-placentaires, avant qu'elles arrivent à la matrice. De plus la sérotine revêt les villosités choriales dans toute leur extension et dans leurs nombreuses ramifications à l'intérieur du placenta. Dans ce très-long espace les cellules de la sérotine offrent des exemples de plus grandes et plus rapides modifications. La plus importante consiste dans la gaîne que la sérotine fournit aux villosités du placenta fætal jusqu'au chorion. Cette gaîne est formée à l'extérieur par une membrane fibreuse, et d'une couche épithéliale interne qui constituent ensemble les parties fondamentales des organes glandulaires.

Près du chorion, les parties de la sérotine, constituant l'organe glandulaire, se transforment toutes peu à peu, en tissu fibreux et forment des cordons robustes qui servent à fixer fortement les troncs vasculaires, d'où partent les villosités choriales. J'ai observé que ce même fait avait eu lieu d'une manière anormale près de la sérotine dans un placenta morbide qui devint la cause d'avortement.

Une fois que les troncs vasculaires du placenta fœtal sont enveloppés par la sérotine transformée en organe glandulaire secrétoire, les nombreuses villosités, qui en partent, poussent devant eux, en grandissant, les parois de la gaîne, et elles en restent ainsi elles-mêmes revêtues complètement comme les doigts d'une main par un gant. Le sang de la mère baigne de cette façon directement la paroi extérieure de la gaîne, fournie par la sérotine aux villosités.

Dans l'espèce humaine seulement, les artères et les veines utéro-placentaires ne se divisent pas en troncs et en rameaux dans le placenta. Le sang maternel se répand à l'intérieur du placenta, dans des grandes cavités, ou lacunes, ou sinus qui communiquent entr'eux et sont circonscrits par le chorion du côté fœtal, et par la sérotine du côté utérin. Les cavités circonscrites par la sérotine, transformée, à ces endroits, en tissu fibreux, sont en grande partie remplies par le sang et par les touffes volumineuses des villosités choriales couvertes par la sérotine changée en organe glandulaire.

L'union intime des vaisseaux avec le chorion et la sérotine, les prolongements internes de celle-ci, qui se confondent avec ceux également internes du chorion, limitent la distension des cavités internes ou lacunes placentaires, qui serait nécessairement produite par le sang artériel qui arrive sans cesse de la mère au placenta. Le sang maternel, qui se répand dans ces lacunes, se mêle à celui qui était déjà devenu veineux dans l'intérieur de l'organe. Les grandes cavités ou sinus veineux, circonscrits par la sérotine, rapportent à la mère le sang qui a rempli son office dans le placenta, au moyen des veines utéro-placentaires.

Dans le placenta humain aussi, les vaisseaux qui apportent le sang maternel ne viennent jamais en contact avec ceux qui appartiennent au fœtus.

Aussi ce n'est que dans l'espèce humaine qu'un sang mixte, artériel et veineux, est mis en contact de la face externe de l'organe glandulaire qui renferme les vaisseaux du fœtus ; et cela par un mode de circulation lacunaire, dont, jusqu'à présent, on ne reconnaît point d'exemple chez les animaux supérieurs.

Dans l'espèce humaine seulement c'est aussi un sang mixte de la mère elle même, qui, du placenta, est rapporté dans la circulation générale.

# APPENDICE

# I

## DE LA FORMATION

DE LA

# PORTION MATERNELLE OU GLANDULAIRE

# DU PLACENTA

### Chez l'espèce humaine et chez quelques animaux

Lorsque le professeur Bruch et mon ancien ami Andreini m'ont proposé de publier en français mon Mémoire sur le placenta, j'ai eu d'abord l'idée de le refondre, au moins en partie, car de nouvelles recherches et des observations postérieures m'avaient démontré qu'il y avait quelque chose à ajouter ou à modifier. Je me suis ensuite décidé à le faire suivre d'un appendice, où l'on trouvera les nouvelles observations et les modifications qui en découlent.

Les jeunes gens qui se vouent à l'étude des sciences naturelles pourront ainsi se convaincre que l'investigation des faits n'est pas chose facile comme on semble le croire, mais qu'elle est, au contraire, toujours longue et souvent pénible. Par cela même elle est toujours féconde en résultats utiles.

En exposant simplement les observations on peut se tromper quelques fois dans la manière de les interpréter; cependant, l'observation reste entière dans sa vérité, et, tôt ou tard, elle devient utile à la science.

Par exemple : en faisant dessiner les grandes excavations de la P. IX, let. *d d*, je les regardais comme des culs-de-sac de grands plis de la muqueuse utérine, sur lesquels s'était formé le placenta maternel de la chienne. C'était une erreur. Les observations postérieures m'ont démontré incontestablement que ces grandes cavités sont formées par une déformation et une dilatation particulière des glandes utriculaires sous-jacentes, à l'endroit où se produit le placenta. Le fait reste, son interprétation seulement est modifiée. Pour l'apprécier exactement il fallait le suivre dans sa production et dans son développement.

C'est ainsi qu'on s'éclaire soi-même et qu'on éclaire les autres et la science, qui n'est au fond que la pure et simple vérité.

J'espère, donc, que non-seulement pour les jeunes étudiants, mais même pour tous les autres, il sera grandement utile de suivre les observateurs consciencieux dans la voie qui les conduisit de l'erreur à la vérité, et j'espère surtout que mon intention au moins ne sera pas blâmée.

Dans mon Mémoire, j'ai laissé presque intactes la recherche et la description du procès histogénique et des transformations successives des éléments primordiaux constituant l'organe glandulaire, ou portion maternelle du placenta.

Un telle recherche est entourée de difficultés, à cause du besoin de se procurer des femelles d'animaux gravides à différentes périodes de gestation. Elle est cependant du plus grand intérêt; car c'est seulement par la connaissance exacte et précise de ces changements successifs, qu'on déduit la preuve claire et certaine de la néoformation, et qu'on peut réfuter l'opinion de ceux qui, n'ayant pas eu l'occasion de répéter des observations minutieuses et longues, pensent que l'organe glandulaire n'est qu'une expansion ou une simple transformation de parties utérines préexistantes, comme on l'a dit des glandes utriculaires.

Je décrirai donc sommairement dans cet appendice les résultats des observations faites après la publication de mon Mémoire. Je me bornerai à en dire ce qui suffit pour convaincre que, pendant la grossesse, a lieu une véritable néoformation glandulaire, et que de plus l'organe glandulaire dans son mode de formation s'éloigne entièrement des lois ordinaires et connues qui règlent la formation des glandes dans l'organisme animal.

La permanence des glandes des êtres organisés et destinés à vivre, et l'existence nécessairement temporaire de l'organe glandulaire du placenta donnent le motif, sinon l'explication, de la diversité des lois qui dirigent dans un cas ou dans l'autre la formation des glandes.

Les histologistes s'accordent à dire que toutes les glandes commencent à se former au moyen d'une introflexion d'une couche épithéliale, et que les différences qu'on observe entr'elles ne sont que des modifications plus ou moins remarquables de ce fait primitif et constant. Dans la formation du placenta maternel, l'organe glandulaire, bien qu'il commence de différentes manières dans les diverses espèces d'animaux, ne se fait jamais par une introflexion de l'épithélium utérin et du tissu connectif sous-épithélial. Il est constamment le résultat d'une production d'éléments histologiques différents de ceux qui existaient, et leurs changements successifs constituent la portion glandulaire du placenta. Le placenta est destiné à se décoller et à être expulsé de la matrice dans la parturition, ou à dégénérer lentement et à disparaître après, dans le cas où la portion maternelle reste entièrement attachée à l'utérus comme dans la vache, ou en partie seulement comme dans la chienne.

Je décrirai donc ces modes de formation du placenta de la vache, parmi les ruminants; de la chatte parmi les carnivores; et de la femme dans l'espèce humaine. J'ajouterai à cela les observations de quelques particularités de la structure placentaire chez des animaux que je n'avais pu examiner avant.

# II

## DE LA FORMATION
## DU PLACENTA MATERNEL CHEZ LA VACHE
## ET DU
## PLACENTA
## de la brebis, de la taupe et de la biche.

### § I.

### VACHE

L'animal, parmi les ruminants, qui m'a offert le plus de facilité dans mes recherches, est la vache. L'abattoir public m'a fourni toutes les matrices de ces bêtes tuées en état de grossesse ; et, malgré les conditions agricoles de notre pays, qui s'opposent à ce qu'on les abatte au commencement de la gestation, j'ai pu en obtenir deux dont les fœtus se trouvaient dans le développement qu'on assigne du 50$^{me}$ au 54$^{me}$ jour de vie.

A cette période de grossesse l'organe glandulaire, bien que petit, est déjà complètement développé dans la partie moyenne de la corne utérine pleine. En bas et mieux encore vers l'extrémité de la corne, on voit des cotylédons plus petits à des degrés divers de développement, qui se prêtent très-bien à l'étude des différentes phases de la néoformation de la partie glandulaire du placenta, c'est-à-dire du cotylédon utérin.

Pour être bref, je résumerai les faits que j'ai observés; et pour y mettre le plus de clarté possible, je ramènerai à divers moments d'évolution les changements les plus remarquables que j'ai recueillis, depuis les plus simples ou primordiaux jusqu'à la formation des grands calices représentés dans la P. VI.

Premier moment. — On n'aperçoit qu'une légère tuméfaction sur toute la surface des cotylédons utérins, surface qui était plane et unie dans la matrice non gravide. Selon la position prise par l'utérus, la surface tuméfiée des cotylédons a l'apparence d'une croûte molle, d'un blanc jaunâtre pour quelques-uns et d'une couleur rouge vif pour quelques autres. Par la simple pression des parois utérines qui touchent aux cotylédons, il est facile de faire devenir rouges ceux qui étaient jaunâtres et vice versa. Cela donne la certitude que la différente coloration cotylédonaire ne dépend pas seulement de l'engorgement ou de la vacuité des vaisseaux sanguins : cela prouve aussi que la facilité avec laquelle on produit les deux faits différents, est liée à l'ampleur du réseau vasculaire qui s'est développé dans le tissu connectif sous-épithélial de la surface utérine des cotylédons.

Si on s'aide, pour cette expérience, d'une loupe, on distingue clairement cette vascularisation. On y voit aussi les larges sinuosités des vaisseaux nouveaux plus superficiels, et on s'aperçoit que leur convexités sont tournées vers la cavité utérine.

Par conséquent, si on examine au microscope une section verticale de ces cotylédons, elle n'apparaît plus plane et unie comme à l'état de vacuité, mais légèrement ondulée partout.

Le premier moment de la néoformation serait donc celui d'une hyperplasie vasculaire.

Cette vascularisation peut s'établir rapidement, et dans la P. II, fig. 1, lett. *d*, *d*, j'ai déjà fait représenter comment elle s'établit dans l'utérus de la chienne.

La démonstration facile de la communication directe des corpuscules du tissu connectif avec les vaisseaux sanguins, ne sert pas simplement à expliquer la promptitude de la néoformation vasculaire : c'est aussi, je crois, une belle observation pour éclaircir le passage des globules blancs du sang dans les corpuscules du tissu connectif.

Konheim a vivement réclamé par ses observations l'attention des pathologistes sur ce fait.

Deuxième moment. — Dans cette période de la néoformation de l'organe glandulaire on pourrait comprendre la sinuosité et la courbure que prennent les vaisseaux du réseau sous-épithélial des cotylédons vers la cavité interne de l'utérus.

Troisième moment. — Entre celui-ci et le deuxième il n'y a pas une différence essentielle, mais simplement différence de volume ou de développement des anses vasculaires. Elles perdent, en effet, l'exiguité qu'elles avaient dans l'ancienne surface du cotylédon pour faire saillie et s'élever, s'entourer de tissu connectif, et se recouvrir d'un mince épithélium. Elles s'organisent ainsi en petites et délicates villosités rapprochées les unes des autres.

Ces simples papilles deviendront, dans l'organe glandulaire entièrement formé (P. VI, let. *d*), les colonnes de tissu connectif qui s'élèvent et constituent les parois des calices.

Quatrième moment. — On peut y placer la prolifération de ces simples villosités en d'autres villosités latérales.

Ces villosités latérales seront représentées dans le cotylédon complètement formé (P. VI, lett. *b*, *b*), par les nombreux follicules horizontaux de l'intérieur des calices.

Cinquième moment. — Il comprend la réunion des ramifications latérales d'une villosité avec celles de la villosité voisine.

Sixième et dernier moment. — C'est alors, qu'après la réunion des susdites ramifications des villosités, les calices du nouvel organe glandulaire se complètent, ainsi que les follicules internes superposés les uns aux autres, qui se trouvent dessinés schématiquement dans la P. I, fig. 2, et d'après nature dans la P. VI.

## § II.

### BREBIS.

Dans le Mémoire j'ai à peine touché à la structure anatomique des cotylédons de la brebis. Je me suis borné à affirmer que les différences entre les cotylédons des vaches et ceux des brebis étaient plus remarquables et plus importantes qu'on ne l'avait généralement dit, en signalant une forme concave chez les uns et convexe chez les autres.

Maintenant, je puis ajouter que les cotylédons de l'utérus gravide des brebis sont intérieurement formés par des trabécules tapissées d'épithélium. Elles s'élèvent irrégulièrement de ses parois utérines internes et se distribuent sans ordre en ramifications latérales qui se soudent et s'entrecroisent, laissant de cette façon des espaces ou cavités intermédiaires et irrégulières qui sont occupées par des touffes volumineuses de villosités choriales.

C'est ainsi que pendant qu'il existe et fonctionne, l'organe glandulaire de la brebis conserve les formes indiquées dans le cinquième moment génétique du cotylédon de la vache.

Bref, l'organe glandulaire de la brebis représente un arrêt normal du développement successif de l'organe glandulaire de la vache, il laisse constamment voir à l'œil nu ce que, dans ce dernier animal, on peut observer un seul instant à l'aide du microscope.

## § III.

### TAUPE.

On observe aussi dans un animal à placenta unique la forme la plus simple du cotylédon utérin que j'ai signalé dans la brebis.

Cet animal est la taupe européenne.

Un tel fait me semble digne de mention spéciale. Il ne rapproche pas seulement la forme de placenta unique des cotylédons des ruminants ; il fait plus encore.

Dans un intéressant travail du professeur Bruch de Strasbourg (1), dont je n'avais pas connaissance à l'époque de la publication de mon Mémoire, il est fort bien dèmontré et représenté par des planches, que chez les vertebrés inférieurs, tels que les squales, la surface utérine interne se revêt, pendant la grossesse, d'un nombre infini de villosités vasculaires recouvertes d'épithélium.

Chez ces animaux, par conséquent, la portion maternelle du placenta serait figurée par les premiers moments de formation que j'ai notés dans les cotylédons de la vache.

(1) Etudes sur l'appareil de la génération chez les Sélaciens. Strasbourg, 1860

## § IV.

### BICHE.

Les différences anatomiques que j'ai indiquées ne sont pas les seules qu'on rencontre dans l'utérus gravide des ruminants; et je n'ai pas même l'intention de les indiquer toutes.

J'ai cependant eu l'occasiou d'étudier un cotylédon d'une biche, (*Cervus axis*),et je me suis assuré que les différences avec ceux de la vache, ne se bornent pas, comme le dit Harvey, au nombre moindre dans les biches ou au volume censé plus petit dans les vaches (1).

Le cotylédon de la biche que j'ai pu observer a la forme d'un rein. Son diamètre longitudinal est beaucoup plus grand que le transverse. Le premier mesure un peu moins de 8 centim.; le second un peu plus de 5; la circonférence 21, et l'épaisseur 3 1/2.

Ce volumineux cotylédon s'élève d'un pli étroit de la muqueuse, dans le tissu connectif de laquelle on aperçoit un riche réseau de gros vaisseaux. De la surface de ce pli se développe un grand nombre de tubes ou follicules glandulaires serrés les uns contre les autres, d'une longueur correspondante à l'épaisseur du cotylédon.

La forme de ces follicules est celle d'un entonnoir. Les sections transversales en montrent les différents diamètres : dix ou douze centièmes de millimètres à l'orifice qui donne

(1) Voir le Mémoire, pag. 62.

entrée aux villosités choriales, et deux ou deux et demi à leur base. Ces sections transversales présentent la figure exacte d'une ruche à cellules rondes.

On peut se faire une idée précise tant de la structurc que des éléments anatomiques constituant la portion glandulaire du placenta de cette espèce de cerf, en regardant la P. v, fig. 1, let. *b,b.* qui représente une coupe transverse de l'organe maternel de la jument.

# III

## DE LA FORMATION

# DU PLACENTA UNIQUE

### Chez la chatte, le lièvre et le cabiai.

---

J'ai déjà indiqué, en parlant de la structure anatomique du placenta unique de la taupe, les analogies qu'il a avec les cotylédons d'un ruminant, de la brebis, par exemple.

J'ai depuis rencontré d'autres différences dans divers placentas uniques d'autres animaux. Les différences, dont je n'ai pas pu parler dans mon Mémoire, confirment toujours par leur grande variété le type unique de l'organe glandulaire.

Ici je me contenterai de résumer le mode de formation du placenta de la chatte, et j'y ajouterai quelques observations sur celui du lièvre et du cochon d'Inde.

Elles serviront à démontrer que si une véritable et réelle néoformation de l'organe glandulaire est constante, elle peut cependant avoir lieu au moyen d'un procédé histogénique différent de celui que j'ai décrit chez la vache : c'est-à-dire par la production d'un tissu cellulaire spécial formé de cellules propres, analogues à celles que j'ai representées, en parlant de la caduque sérotine de l'espèce humaine, dans la P. x, fig. 3, let. *b*, *b*; et fig. 2, let. *f*. *f*.

Chez les brutes aussi, l'organe glandulaire est le produit de la transformation successive de ces cellules, et dans ce cas, ainsi que chez l'homme, ce phénomène a lieu contrairement aux lois ordinaires qui dirigent la formation et le développement des glandes permanentes des êtres vivants.

La caduque sérotine avait été niée, chez les animaux comme je l'ai fait remarquer. J'en ai relevé l'importance dansl'espèce humaine.

En suivant le mode de formation du placenta chez la chatte je me suis convaincu que, dans cette bête aussi, sur la surface des plis de la muqueuse utérine à l'endroit où se forme le placenta, a lieu une néoformation de cellules très-délicates, dont reste constitué, par suite de transformations successives, le nouvel organe glandulaire.

J'ai dit que la même chose a lieu chez la femme, bien que dans ses formes l'organe glandulaire présente les mêmes différences que j'ai notées entre le placenta de la femme et celui de la chienne.

Ce que maintenant j'ai hâte d'ajouter, c'est que dans les carnivores, chienne et chatte, le mode de formation a la même origine que chez la femme, c'est-à-dire dans des éléments cellulaires spéciaux qui représentent la sérotine modifiée.

A ce propos il nous sera offert une particularité bien importante par le placenta du lièvre, dont je parlerai après avoir brièvement indiqué le procès formatif du placenta de la chatte.

## § I.

### CHATTE.

La muqueuse utérine de la chatte subit, pendant la grossesse, de remarquables modifications, soit aux endroits où les œufs s'arrêtent, soit dans les portions de cornes utérines qui restent vides

Je parlerai de ces changements séparément, en commençant par ceux qu'on observe dans les portions de cornes utérines à l'état de vacuité.

On savait déjà que la muqueuse utérine dans la période du rut et de la grossesse était tuméfiée. Les changements qu'elle présente pendant cette tuméfaction n'ont pas été signalés, que je sache, à l'exception d'une plus grande affluence de sang et de l'expansion des glandes utriculaires, remarquée par Malpighi.

Or mes observations sur la chatte m'ontdemontré qu'après le 10$^{me}$ jour de grossesse, la muqueuse utérine est tellement tuméfiée dans les portions des cornes restées vides, qu'il en résulte la complète obstruction de la cavité de la matrice. De cette manière l'œuf reste enfermé, là où il s'arrête, dans une cavité close de tous côtés. A mesure que l'œuf se développe et que le placenta s'organise, en établissant des rapports d'une certaine durée entre l'œuf et la matrice, la cavité des cornes se rétablit : et cela non pas par suite de la diminution de l'hypertrophie de la muqueuse, mais parce que l'augmentation du volume de l'utérus en augmente toute la circonférence, et partant la cavité des cornes aussi.

La couche épithéliale de la muqueuse utérine, qui forme une pellicule (*velamento*) unie et lubrifiée dans la chatte non gravide, se transforme, au moyen de l'hyperplasie vasculaire et du tissu connectif sous-épithélial, en replis qui présentent, pendant la gestation, la forme de volumineux follicules glandulaires, tels qu'ils sont reproduits de l'utérus de la lapine dans la P. VII, fig 1. De l'augmentation de volume de ces replis depend l'occlusion complète de la cavité de la matrice aux endroits où l'œuf ne s'arrête pas.

Avec la progression de la grossesse et le rétablissement de la cavité, il est facile de distinguer que les plis présentent aux côtés de nombreux festons, disposition que Leydig constata être normale dans l'utérus non gravide de certains animaux.

En rappelant dans mon Mémoire ces observations, j'ai aussi noté que cet anatomiste avait supçonné que ces grands plis festonés de l'utérus de quelques bêtes pouvaient représenter, sous un développement énorme, les follicules glandulaires minimes ou cryptes muqueux qu'on rencontre dans la muqueuse utérine d'autres animaux.

Les changements que j'ai cités dans la muqueuse utérine de la chatte représentent successivement les formes et les différences les plus remarquables que les anatomistes constatèrent dans la muqueuse utérine des brutes, et il me paraît que les observations confirment la supposition que Leydig énonçait, en faisant de la philosophie anatomique. En tout cas, l'observation donne raison à Leydig, et je crois qu'elle me donne aussi raison, lorsque d'après Bischoff je considérai la couche épithéliale qui revêt l'utérus de la femme, et les cotylédons de la matrice non gravide de la vache, comme forme simple et élémentaire d'une membrane muqueuse. (1)

A l'endroit où s'est arrêté l'œuf, la muqueuse utérine de la chatte prend d'abord l'apparence folliculaire telle qu'elle est représentée chez la lapine (P. VII, fig. 1) Les replis, et par conséquent les excavations, sont bien petits. A la place où ne se forme pas le placenta, ils disparaissent promptement, et la muqueuse redevient unie, à cause de la distension que le développement de l'œuf produit sur les parois utérines. Là, par contre, où le placenta se forme, l'épithélium qui recouvre les follicules exigus qui s'étaient formés, paraît se ramollir et prendre une apparence tomenteuse. En même temps, du tissu connectif sous-épithélial, prolifère un autre tissu de cellules arrondies, molles et délicates qui se confondent avec celles de l'épithélium ramolli. La forme des follicules est maintenue par l'élévation de ce tissu de néoformation en lamelles minces, droites, verticales d'abord et couvertes d'un délicat épithélium qui correspond à celui qui tapissait la muqueuse utérine.

Entre ces lames du tissu produit par les cellules de nouvelle formation s'insinuent des prolongations laminaires du chorion, où, plus tard seulement, on distingue les vaisseaux.

Pendant les progrès de la formation et du développement de la portion maternelle du placenta les lamelles s'allongent sans augmenter de grosseur, et, sous la pression de l'accroissement de l'œuf, elles se plient et se replient sur elles mêmes jusqu'à présenter précisement la structure de l'organe glandulaire achevé, comme je l'ai démontrée dans le placenta de la chienne, (P. VIII. fig. 2).

(1) V. le Mémoire Page. 49

Il y a pourtant une différence capitale. Pendant cette période de formation les lames du nouveau tissu sont uniques : mais lorsque les tubes glandulaires se seront formés, comme dans la susdite figure, chaque tube sera constitué par la moitié de deux plis qui s'unissent entr'eux, en renfermant les vaisseaux qui se sont formés dans les lames choriales interposées, dès l'origine du placenta, entre les lamelles de néoformation.

Le volume des plis qui s'élévent du tissu connectif utérin ne diffère pas de celui des tubes glandulaires complètement formés. Il s'en suit qu'il est facile de prendre au premier abord, les uns pour les autres, et de confondre un pli à forme sinueuse avec un follicule complet conformé de la même manière.

Mais il est facile d'éviter cette erreur en observant avec attention la distribution des vaisseaux utéro-placentaires, dont on distingue bientôt la canalisation au milieu des cellules des lames de néoformation ; par contre, la vascularisation des lames choriales, c'est-à-dire la portion fœtale du placenta n'est pas encore formée.

En continuant les observations sur le développement progressif, on voit aussi facilement, pendant que la vascularisation des lames du chorion s'établit, que les vaisseaux sont entourés par les lames de nouvelle formation, et que la moitié d'un pli se fondant avec celle qui est en contact, constitue le follicule glandulaire long et sinueux que j'ai décrit dans le placenta de la chienne et qui n'est pas différent de celui de la chatte.

Le mode d'union des lames utérines, qui forment les follicules glandulaires en entourant les vaisseaux du chorion, explique les nombreuses communications, que conservent entr'eux les vaisseaux du placenta fœtal (P. 8, fig. 1 et 2, let. *e*, *e*), qui restent cependant tous compris dans les complications des follicules glandulaires du placenta maternel.

Je n'ai rien à ajouter à ce que j'ai écrit sur le placenta complètement développé.

L'addition ou la modification qu'il y a à faire ne regarde donc pas le fait, mais la manière dont je l'ai jugé. J'avais cru que ce qui dépend d'une néoformation d'éléments histologiques spéciaux, dépendait de la transformation des plis de la muqueuse utérine préexistante.

Je dois ensuite combler une lacune laissée dans mon Mémoire relativement aux glandes utriculaires.

Les observations certaines sur ce qu'il advient de ces glandes, à l'endroit correspondant au placenta, manquaient tout-à-fait. Ceux mêmes qui avaient cru qu'au moins au commencement de la grossesse, les villosités choriales pénétrent dans les glandes utriculaires, étaient forcés d'avouer qu'ils n'avaient jamais rencontré des traces de ces glandes dans le placenta.

Récemment encore Florinsky (1) affirmait la même chose après avoir fait les plus minutieuses recherches pour les y voir.

Or en suivant le mode de formation du placenta de la chatte j'ai pu établir une observation précise à ce propos, observation qui m'a fait découvrir une erreur que j'avais commise et que j'ai indiquée plus haut

Au dixième jour de gestation, la dilatation des glandes utriculaires est déjà remarquable à l'endroit où l'œuf s'est arrêté Leur diamètre dépasse d'un tiers celui des mêmes

(1) Protocols des Vereins russischer Aerzte zu S. Petersbourg. — 1863-64. seit. 141

glandes de la portion des cornes utérines restées vides. Cette dilatation doit être très-rapide. Entre le seizième et le dix-huitième jour, là où commence à se former le placenta, les glandes se montrent tellement dilatées et déformées, qu'elles ressemblent à de grandes et énormes cavités. Leur épithélium est en prolifération. Ceux, par conséquent, qui ne suivent pas de près la transformation particulière à ces glandes du commencement à la fin de la grossesse, ont beaucoup de difficulté à les reconnaître, et j'étais moi-même bien loin de le supposer, en étudiant le placenta tout formé.

En relisant mon Mémoire on verra comment je me suis trompé sur les cavités que j'observais.

Dans la chienne aussi elles sont constituées par les glandes utriculaires ainsi déformées et je les prenais pour les culs-de-sac des grands replis de la muqueuse utérine, dont je croyais que le placenta maternel était formé.

Dans la P. IX, let. *d*, *d*, on voit ces cavités qui ne sont réellement, comme je viens de le dire, que les glandes utriculaires ainsi dilatées et déformées dès les premiers temps de la gestation. Or, il n'y a rien à changer dans la planche, quant à la vérité anatomique; c'est l'interprétation que j'en avais donnée qui doit être, comme je le fais maintenant, modifiée et corrigée.

Dans la première période de la formation du placenta de la chatte on suit facilement la production du fait. On voit aussi comment le tissu connectif, qui entoure les glandes utriculaires, sert d'appui direct au néo-tissu spécial, formé de cellules délicates, arrondies et analogues aux cellules que j'avais décrites dans la sérotine de la femme, dont restent constituées les lames, que j'ai dit se soulever d'abord et se transformer ensuite pour se réunir en follicules glandulaires.

La dilation et la déformation rapide des glandes utriculaires donnent à croire que ce fait se produit par suite de l'occlusion de leurs orifices, occasionnée par la prompte néoformation des cellules constituant la portion glandulaire ou maternelle du placenta.

On doit conséquemment considérer ces cellules comme représentant la sérotine dans l'espèce humaine.

Je crois inutile d'ajouter que c'est précisément la portion de la muqueuse utérine, où a lieu la transformation des glandes utriculaires, qui dégénère, avec elles, après l'accouchement, en substance graisseuse, et qui disparaît progressivement, comme je l'ai énoncé dans l'étude sur la chienne.

Les éléments cellulaires de nouvelle formation n'ont pas d'analogues dans les organismes sains adultes, mais seulement dans le tissu, appelé muqueux par Virchow, qui abonde dans les embryons.

Cela suffirait, sans tenir compte des remarques déjà faites, pour rapprocher le mode de formation du placenta unique de quelques animaux, de celui du placenta humain. Dans un cas comme dans l'autre l'organe glandulaire puise son origine dans une néoformation d'éléments cellulaires speciaux qui chez la femme, prirent le nom de caduque sérotine, laquelle a été niée chez les brûtes, faute d'observations exactes.

On ne pouvait l'affirmer qu'après avoir observé les premiers moments de formation du placenta.

## § II.

### LIÈVRE.

Pour se convaincre que le tissu cellulaire spécial, que j'ai dit se former du tissu connectif sous-épithélial de la muqueuse utérine chez la chatte, est vraiment celui qui constitue la sérotine chez la femme, il n'y a qu'à rechercher la structure placentaire du lièvre.

Chez le lièvre, (*lepus timidus*), le fait dont je vais m'occuper, se voit beaucoup plus nettement que dans le placenta de la lapine : et cette différence, entre les placentas de ces deux espèces si rapprochées, n'est pas la seule.

Le placenta du lièvre est formé par une grosse couche de cellules rondes et aussi volumineuses que celles de la sérotine de la femme.

Les sections transversales de cette couche élevée de tissu simplement cellulaire font voir dans son intérieur de nombreuses cavités assez larges et de formes diverses : les plus petites sont pleines de sang. Cela offre un exemple ou, mieux encore, la forme élémentaire des grandes lacunes du placenta humain, chez un animal. Les cavités plus grandes sont remplies d'une humeur assez dense, et d'apparence caséeuse, spécialement dans leur fond, c'est-à-dire, vers la surface utérine du placenta. La présence de grandes cellules, dans cette humeur fait supposer qu'elle se forme dans l'intérieur des cavités par déliquescence des fortes cellules de l'épaisse sérotine détachées de la paroi interne des mêmes cavités.

Seulement vers la surface fœtale du placenta du lièvre, les tubes glandulaires, dans lesquels pénètrent les villosités très-courtes du chorion, sont formés par les cellules de la sérotine qu'ont fourni les parois aux grandes cavités. — Chez cet animal la forme serpigineuse des tubes glandulaires ne s'obverve que sur la couche la plus superficielle de la surface fœtale du placenta.

Il est donc hors de doute que chez les brutes aussi la sérotine existe. Chez le lièvre elle est même très-épaisse. La forme des éléments qui la composent est identique à celle des éléments de la sérotine humaine.

En résumé, si la variété de forme entre les placentas des animaux et celui de l'homme est très-grande, l'unité du type de formation de l'organe glandulaire n'est que plus clairement et plus sûrement démontrée par cette même variété.

## § III.

### CABIAI.

Une autre différence entre le placenta du lapin et celui du lièvre est celle qu'on observe plus clairement chez le cochon d'Inde et dont on peut déduire une conclusion très-importante.

Chez le lièvre, mais beaucoup mieux chez le lapin et chez le cochon d'Inde (*cavia cobaya*) lorsque le placenta est complètement formé, on voit que les anses vasculaires, très-nombreuses et très compliquées, qui en constituent la portion fœtale, sont entourés par une couche de grandes cellules de la sérotine, qui ont l'apparence de gros corpuscules du tissu connectif. Cette couche cellulaire présente les caractères des parois du follicule glandulaire, sans en posséder en réalité toutes les parties anatomiques.

Est-ce à dire pour cela que ma doctrine sur la structure de la portion maternelle du placenta puisse être infirmée par cette observation chez quelques animaux, au moins ?

— Elle ne fait au contraire que confirmer l'aphorisme anatomo-physiologique déjà admis par la science, c'est-à-dire que des cellules secrétantes suffisent à répresenter un organe glandulaire.

Mais il y a plus que cela à dire sur ce sujet.

Chez l'espèce humaine elle-même, pendant les premiers temps de la formation placentaire, les villosités du chorion sont en contact immédiat avec les cellules de la sérotine.

Donc, le placenta complet et à terme du lièvre, et mieux

encore celui du Cabiai, et du lapin montre d'une manière facile et permanente la première période transitoire et incomplète de la formation du placenta de la femme; — comme les nombreuses villosités vasculaires, observées par Bruch sur la surface utérine des Squales, représentent les premiers moments de formation du placenta dans les cotylédons de la vache.

Ce qu'il faut dire, c'est que l'explication de la fig. 3, de la P, VII devient par cela différente de celle que j'avais donnée.

Ce que j'avais jugé comme commencement de la néoformation de l'organe glandulaire chez le lapin n'est en réalité que l'ensemble des cellules de la sérotine qui s'adossent aux villosités sans se transformer. Seulement, le fait dont il s'agit est facile à observer dans le premier temps de formation; par contre, lorsque le placenta est organisé, le développement énorme et les ramifications très-compliquées des vaisseaux du placenta fœtal constituent une espèce d'agglomération de vaisseaux, serrés et très-rapprochés les uns des autres, qui rend la couche cellulaire de la sérotine beaucoup plus difficile à observer.

# IV

## DE LA FORMATION

DU

# PLACENTA CHEZ LA FEMME

## ET CHEZ LE SINGE

---

## § I.

### FEMME.

Dans l'espèce humaine, mieux et plus sûrement qu'ailleurs, j'avais pu observer la formation de l'organe glandulaire par les cellules de la caduque sérotine.

Les observations que je viens de décrire sur la formation du placenta de la chatte et sur le placenta complètement formé du lièvre confirment mes premières observations. Celles que depuis j'ai faites directement sur le mode de formation du placenta humain les confirmeront davantage.

La prolifération des cellules caractéristiques de la sérotine (P. x, fig. 1. let. *f*, *f*; et fig. 3, let. *b*, *b*,) est beaucoup plus abondante dans la région utérine qui correspond à la place où l'œuf s'est arrêté. Une partie du chorion se met ainsi en contact immédiat et direct avec les néocellules, c'est-à-dire avec la sérotine. Lorsque les villosités du chorion commencent à se développer, avant même leur vascularisation, elles s'insinuent, s'épanchent et se ramifient entre les cellules de la sérotine. De cette façon, dans les premiers moments de la formation du placenta humain, par les sections verticales ainsi que par les horizontales, on trouve sous le microscope une figure identique de villosités coupées en travers, qui ressemblent à des disques parfaitement ronds en contact immédiat avec les cellules de la sérotine et entièrement revêtues par elles. Quelques-unes de ces villosités restent aussi coupées en sens longitudinal. Dans celles-ci, mieux que dans les autres, on distingue clairement leur épithélium externe, que je n'avais pas pu voir d'une manière certaine dans le placenta à terme.

Il s'en suit donc que, dans les premiers moments de formation du placenta humain, l'épithélium des villosités choriales est, sans aucun doute, en contact immédiat avec les cellules de la sérotine seulement.

La vascularisation du placenta maternel arrive avant la vascularisation des villosités choriales et avant la formation complète du placenta fœtal. J'ai pu suivre avec facilité la manière dont elle s'effectue dans deux avortements d'un et de deux mois. De même que les villosités du chorion pénètrent dans la surface fœtale du placenta entre les cellules de la sérotine, les anses vasculaires qui naissent des vaisseaux utérins s'insinuent entre les cellules de la sérotine par la face utérine du placenta. Les anses vasculaires ne se distribuent pas et ne se ramifient pas entre les cellules de la sérotine ; mais, pendant les primordes de la gestation, elles s'épanchent et se dilatent exactement comme les vaisseaux capillaires dans les tissus érectiles.

Ces dilatations augmentent peu à peu et forment de grosses sallies qui s'élèvent vers la surface fœtale du placenta : en augmentant toujours elles entourent ensuite les villosités choriales, qui restent tout de même recouvertes d'une couche de cellules de la sérotine. Ce sont enfin ces cellules qui se transforment en organe glandulaire (P. x, fig. 3).

Dans les premiers temps pendant lesquels se forment les petites lacunes du placenta humain, il n'est pas difficile de surprendre le moment où, à côté du sang qu'elles contiennent, les cellules de la sérotine se transforment en corpuscules de tissu connectif, dont sont ensuite formées les parois fibreuses des mêmes lacunes, telles qu'on peut clairement les voir dans le placenta humain complètement formé. (P. x, fig. 1, let. *h*).

La transformation des cellules de la sérotine en corpuscules de tissu connectif, à proximité des jeunes lacunes qui ont une forme irrégulière et où il n'est pas possible de distinguer la paroi très-exigüe des capillaires dilatés, pourrait faire supposer que ces lacunes sont le résultat de la rupture des capillaires ou de la graduelle expansion produite par l'épanchement sanguin.

Les observations de Robin et de Legros sur la dilatation des capillaires dans les tissus érectiles ne permettent pas de faire cette supposition ; et elle est tout-à-fait éliminée par l'observation bien facile qui laisse découvrir l'épithélium du sinus circulaire du placenta complet, qui fait partie de son système lacunaire.

La paroi très-mince des capillaires si énormement et si étrangement dilatés dans le placenta humain, doit, de nécessité, tapisser les parois externes de l'organe glandulaire qui entoure les villosités et qui est constitué par les cellules de la sérotine. Je me hâte cependant d'ajouter que la plus attentive observation directe n'a pas encore réussi à faire distinguer cette mince membrane vasculaire de la membrane externe qui recouvre les villosités.

Tout ce que je puis ajouter à ce que j'ai écrit sur la structure anatomique du placenta concerne, ainsi que je viens de l'indiquer, les premiers moments de sa formation, c'est-à-dire son histogenèse.

Je résume donc ce que j'en ai dit de la manière suivante :

Dans aucune période du développement de l'œuf le sang maternel ne vient en contact avec les villosités du chorion.

Pendant les premiers moments de développement du fœtus chez le plus grand nombre des mammifères que j'ai examinés, les vaisseaux manquent autant du coté du fœtus que de celui de la mère.

Chez la chatte et chez la femme la nutrition des fœtus se fait directement par un échange osmotique entre les cellules de la sérotine et le tissu muqueux des villosités, et chez la femme au moyen de l'épithélium, que, jusqu'à présent, je n'ai pas pu observer dans les lames choriales de la chatte.

Lorsque la vascularisation a eu lieu dans le placenta fœtal et dans le maternel, les procès osmotiques s'établissent entre l'humeur secrétée par les cellules de la partie glandulaire de la mère, et la partie vasculaire du fœtus.

Chez l'homme et chez quelques animaux à placenta unique l'organe glaudulaire tire son origine de la néoformation d'un tissu de cellules particulières, qui dans l'espèce humaine reçut le nom de caduque sérotine, laquelle a été jusqu'aujourd'hui deniée à tort aux autres animaux.

Le placenta à terme du lièvre et du cabiai présente la première période transitoire de la formation du placenta humain.

Lorsque la néoformation cellulaire, ou la sérotine, n'a pas lieu, sous forme d'une couche plus ou moins épaisse, le placenta maternel se constitue au moyen d'une néoformation papillaire spéciale, qu'on observe pendant ses divers moments de développement dans les cotylédons de la vache.

Dans les éléments de néoformation il n'y a de changé que la forme. Chez la vache aussi et chez d'autres animaux les saillies papillaires se montrent sous une forme spéciale d'éléments, qu'on appelle sérotine lorsqu'elle présente une couche uniforme de cellules.

Ce même mode de formation se peut raisonablement supposer chez d'autres ruminants et même chez quelques animaux à placenta unique, comme par exemple chez la taupe.

Avec cela je ne prétends pas affirmer que les deux modes de formation placentaire observés et décrits, soient les seuls qui ont lieu chez les mammifères. Ce sont les seuls que j'ai pu observer jusqu'à présent, et ils me semblent suffisants pour établir le fait, qu'il y a toujours une néoformation véritable et réelle.

L'organe glandulaire, qui en résulte, s'éloigne pendant son développement de toutes les lois connues qui régissent la genèse des organes glandulaires des êtres vivants ; il ne peut être confondu d'aucune manière avec les modifications de la muqueuse ou des glandes utérines préexistantes.

## § II.

### SINGE

Je viens en dernier lieu combler une autre lacune que j'avais été forcé de laisser dans mon Mémoire.

Les observations que j'avais pu faire jusqu'alors sur la structure anatomique du placenta complètement formé, n'ayant pas été étendues à son mode de formation, m'avaient fait croire que les différences entre le placenta humain et celui des brutes étaient plus grandes et plus importantes qu'elles ne m'apparaissent maintenant.

Je me posai alors une question d'actualité, scientifique, pour ainsi dire, et je me demandai si le placenta des quadrumanes aurait eu le type des brutes ou celui des hommes.

Cependant, ma bonne fortune et l'obligeance de mes deux collègues, les professeurs Bassi et Rivolta de Turin, m'ont mis à même d'étudier un placenta à terme d'un *Cercopithecus sabeus.* — Entre le placenta humain et celui de cette espèce de singe je n'ai pas rencontré des différences notablse.

Je peux donc répondre moi-même à la question que j'avais posée à tout le monde pour offrir à d'autres l'occasion de la résoudre : — Le type, et bien plus que le type, la structure anatomique du placenta des singes est identique à la structure du placenta de l'homme.

Bologne, 15 mai 1869.

# TABLE DES MATIÈRES

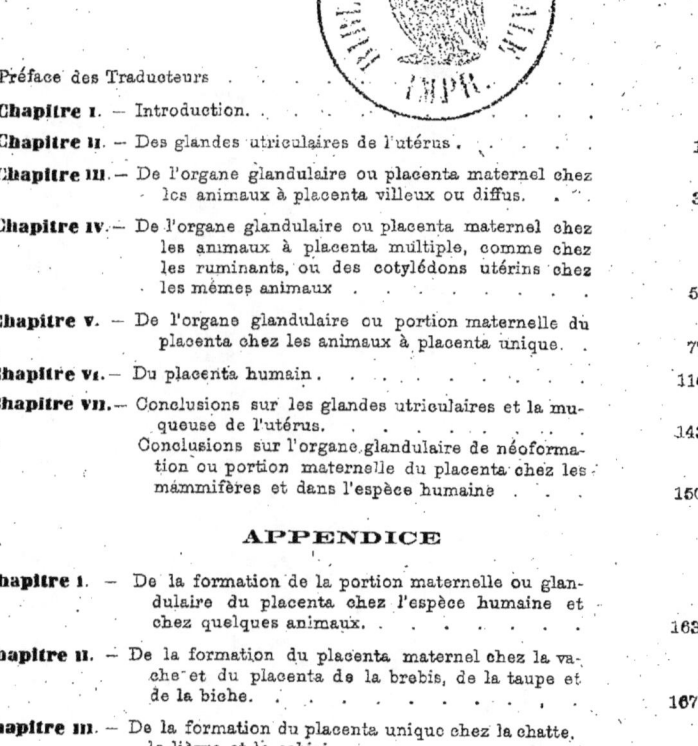

www.ingramcontent.com/pod-product-compliance
Lightning Source LLC
Chambersburg PA
CBHW051816020726
47502CB00005B/1478
* 9 7 8 2 0 1 1 3 4 4 6 9 4 *